愛犬アミ、世界で一番愛した君へ

村上　アキ子
MURAKAMI Akiko

文芸社文庫

CONTENTS

キャッチ

アミとの出会い

当時私は
「今度こその恋」
にやぶれ

身も心も
突然ヒマになった
何していいか
わかんない

我が家は
母の犬好きが高じて
犬のブリーダーを
しており、
その頃は
パピヨン数頭が
出産ラッシュを迎え

我が家の
ダイニングルームは
嵐だった
それ以上
寄るんじゃ
ないわよ
なにさ
そっちこそ

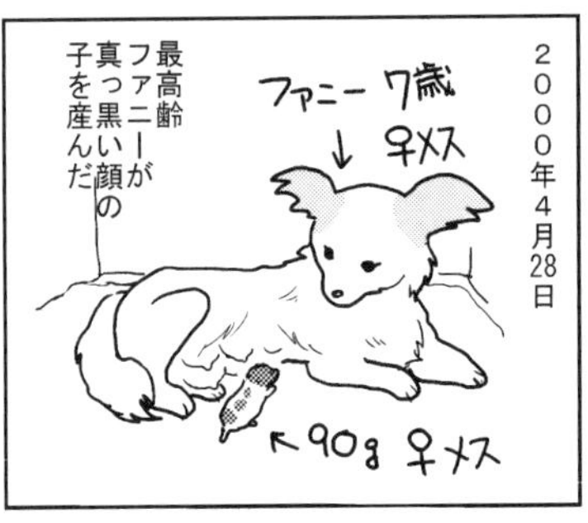

7歳は人間で言えば40代に入ったところか

前回

今回

前のお産は全部死産、今回も兄弟は死産。これが最後の子になるに違いなかった

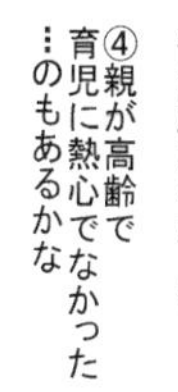
おっぱいを
飲んでいるように
見えたが
①兄弟がいないので
お乳が張りすぎ、
②未熟児に近く
おっぱいを吸う力が
弱かったのと
③出産ラッシュで
私たちの目が
行き届かなかった
④親が高齢で
育児に熱心でなかった
…のもあるかな
結局
全く飲めて
いなかったことが
わかった

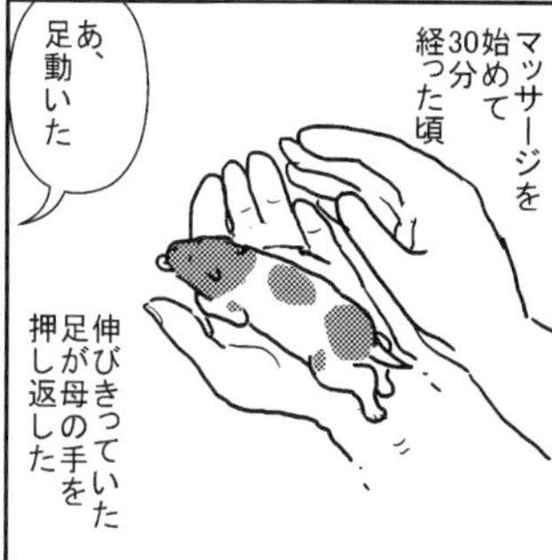
マッサージを
始めて
30分
経った頃
あ、
足動いた
伸びきっていた
足が母の手を
押し返した

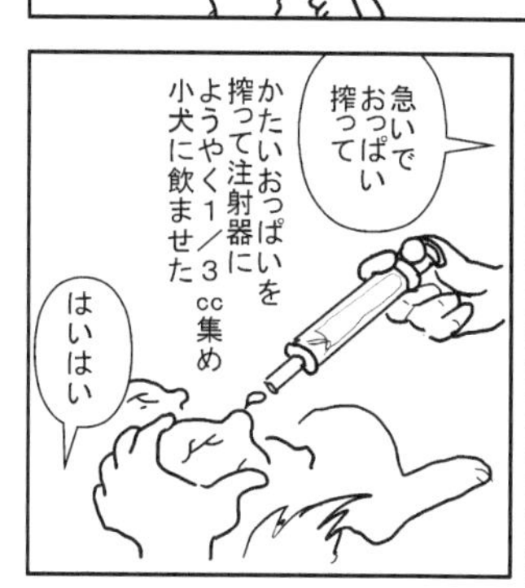
急いで
おっぱい
搾って
かたいおっぱいを
搾って注射器に
ようやく1/3cc集め
小犬に飲ませた
はいはい

見る間に体が
ピンクになった!

奇跡の
生還だ~
ふーっ
へな
へな

さらに3時間
マッサージと
母乳搾りを繰り返し
アミは
この世に
すんでのところで
戻ってきたのだった

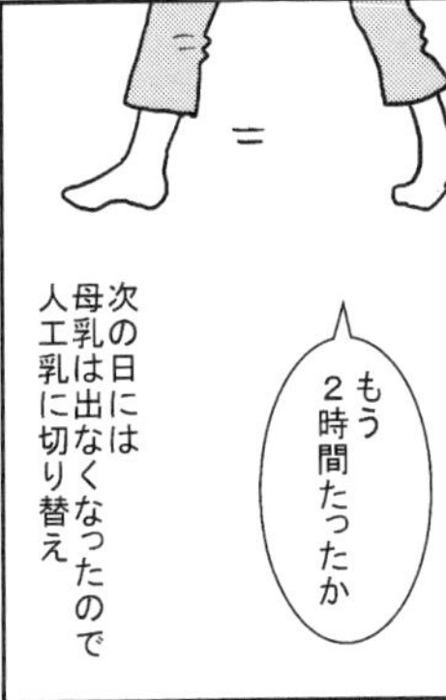
もう
2時間たったか
次の日には
母乳は出なくなったので
人工乳に切り替え

わー
よく飲む
新米ママは
鼻からミルクが
吹き出すのも
かまわず
ノーテンキに
2時間おきミルクの
世話をしたのだった
ゲほ
むせてる

鼻ミルク
ちょうちん
く、苦しい
溺れる…
手はパー

今考えると
おそろしい
ここで
死んでなるものかと
必死だったのかね
よく
死ななかった
よね
うん
まーね

黒い子アミ

母親のファニーはブレーズもへったくれもないほど白いのに
※ブレーズは顔の中心を鼻まで通る白い線のこと

黒いよねーこの子
耳はくっついてる
目開いてない
こんな黒いと貰い手つかないかもね

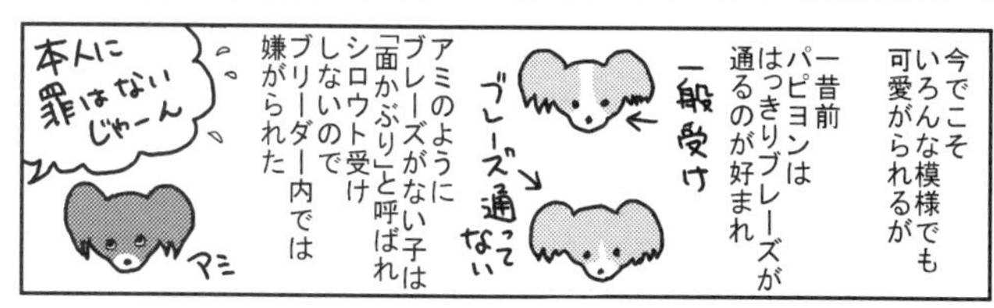

今でこそいろんな模様でも可愛がられるが
一昔前パピヨンははっきりブレーズが通るのが好まれ
一般受け
ブレーズ通ってない
アミのようにブレーズがない子は「面かぶり」と呼ばれシロウト受けしないのでブリーダー内では嫌がられた
本人に罪はないじゃーん
アミ

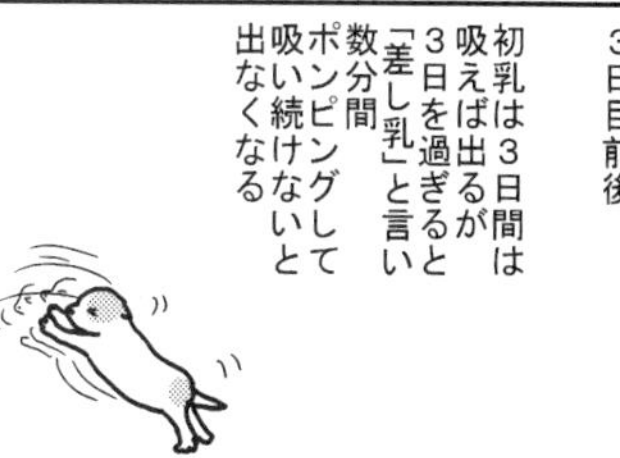

子犬の最初の山場は3日目前後
初乳は吸えば出るが3日間は3日を過ぎると「差し乳」と言い数分間ポンピングして吸い続けないと出なくなる

3日間で体力を付けられなかった子は自然淘汰されます
すっごい自然の摂理
きびしーい

子犬の危機は、
他に排便と体温保持
未熟児の
死亡原因1位は
便が出ないこと
特に
人工乳は便が固く
なりやすいので、
いきむ力の弱い子は
命取りになる
ミルクは
飲めたのに…

また、
生後1週間までは
自分で体温を
保てない
まるで
変温動物なのだ
は虫類
みたい…
アラ
ころ

母親になめられたり
しているうちに
隅に転がって
自力で戻れずに
体温を奪われてしまう
冷えてる
じゃーん！

で、
未熟児が産まれると
産室の前に
布団を敷いて
手を入れっぱなしで
寝たりして
転がって
手に当たれば
起きる

けっこう
やつれる
げっそり

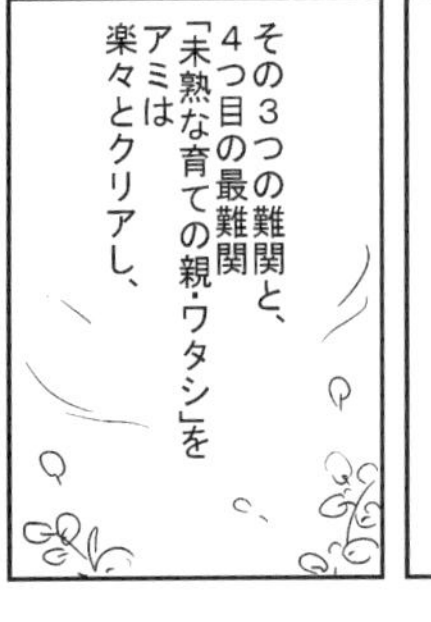
その3つの難関と、
4つ目の最難関
「未熟な育ての親・ワタシ」を
アミは
楽々とクリアし、

生後12日目
神秘的な
光と共に…

うわー
やっぱーい

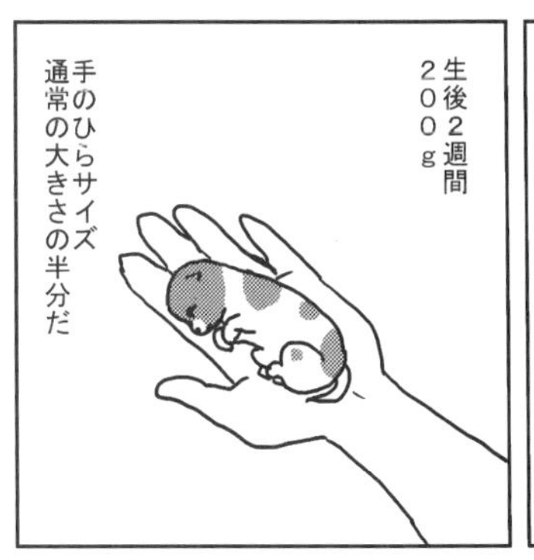
生後2週間
200g
手のひらサイズ
通常の大きさの半分だ

そして生後1ケ月
500g
…

母のエプロンの
ポケットにも入るほど

なかない
よねー
それでも
心配事はあった
…
わん
わん
きゃん
きゃん

やっほー
庭だ~
わーい
…

とっとっと

わん
わおーん
わん
…

おうち
入んなさーい
は
どどどどど

とっとっとっ
…
あまりにおとなしいので

聞こえてる？
？
仮死状態の
後遺症で
目が見えてないか
耳が聞こえてないのではと
母も私も覚悟したものだ

おーい、
もしも〜し
寝よ
ご心配なく
性格ですから
異常なしと
わかったのは
3ケ月
過ぎだった

命名アミ！

アミ
生後1ヶ月半、
母親に早々と
小屋から追い出される
きゃん
きゃん
ええ、育児ほーき、
ほーきですとも

母の一言。
2階に連れてって
一緒に寝たら？
きゅー
きゅー

えーっ
えーっ
えーっ
←本心はやりたい
できない
そんな〜
だって
犬を飼った女は
結婚遠のくって
言うし…
帰り遅いし
飲みに行くことも
あるし
それに…
ちら

ほんと？
…とりあえず一晩だけ…
急きょベッドの横にサークルを作った
そこでねんね
ねんね
やだー
やーん
そっち行くー
上げてー
さみしいよー
えーん
ねえってば
きゅーきゅー
ねんね！
やだーやーっ
きゃん
ぜったいおねがい
そこでいっしょにねるーっ
きゃん
しょーがないなぁ
あっさり
やたーっ
あーあ
トイレのしつけも出来てないのに
ぴた

おしっこ
子犬は
幼いうち
目が覚めると
必ず尿意を催すので
ぱち ぱち
はーい、よく出来ました
自分が夜中に
トイレに起きるときは
先にさせる
あ、うんちも？
ん、
私が行く所は
どこでも
ついてきて
ジャー
ウンチを
流すのも一緒に
確認
バイバイ アタシの ウンチ
えーっと
人参
私が覗くものは
必ず覗く
危ないよ
閉めるよ
は〜い
人間の子と同じだ

そんなアミを母は「アナタの付属品」「金魚のフン」と呼び
失礼な
じゃ名前つけちゃえば
きゃ〜
そんなことしたら私の子になっちゃう
もうなってるじゃない
口のはしが笑ってる

確かに
それで名付けたのが「アミ」
仏語・伊語で「友達」を意味する
私は飼い主とペットという主従関係ではなく『相棒・親友・パートナー』の絆を築きたかった
いつか二人で…

かのスタインベックが愛犬のプードルとアメリカ縦断をしたように
食べ物を分かち合って、おしゃべりをして、沢山の物を見せて行こう、
幸せな時間を共有して行こうと誓ったのだった
※あくまでもイメージです

ブリーダー参戦！

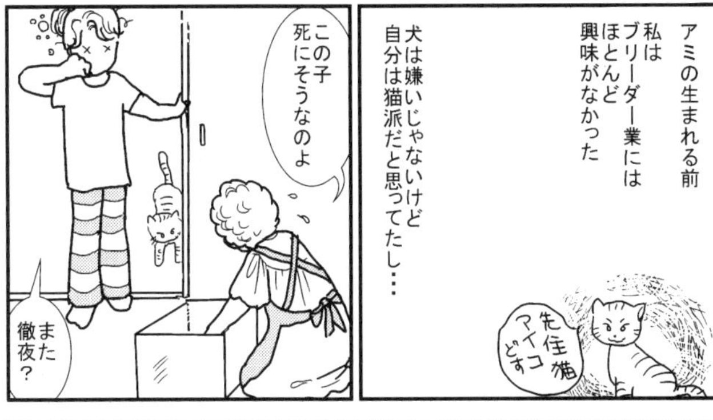

アミの生まれる前
私は
ブリーダー業には
ほとんど
興味がなかった
犬は嫌いじゃないけど
自分は猫派だと思ってたし…
先住猫
アイコ
どす
この子
死にそうなのよ
また
徹夜？

必死で世話をする母に
言ったことがある
無理しないでよ
子犬はまた
産まれるけど
母はあなた一人
なのよ
体こわすよ

母は寂しそうに言った
うん
でも
やめなかった

アミが
産まれて
しばらく経って
別の母犬が
難産の末
未熟児を
産んだ

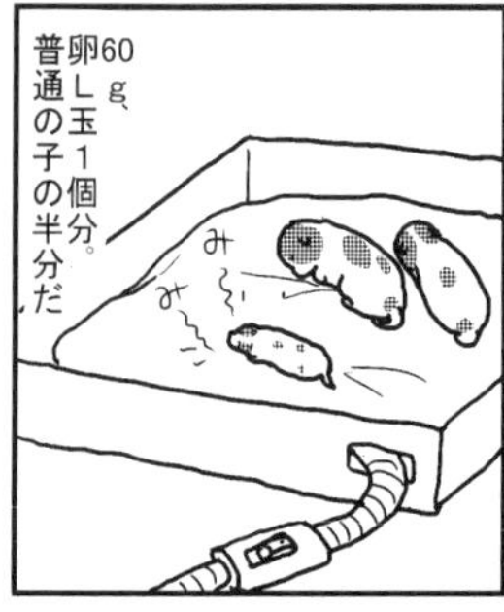
60g、
卵L玉1個分。
普通の子の半分だ
み
み〜

この大きさでは
母乳を自力で吸えないし、
人工乳では
腸が閉塞する
がんばれ
うんち
うんちも
母犬が舐める
だけでは出せない
綿棒

私は寝なかったし
替わるわ
ふーっ
母を止めることも
しなかった

やめられないのだ
ということがわかった
あーっ
おなかが
パンパン
だ〜
消えかかる灯火を
手にして

死の淵から戻って
ボールを追っかけたり
庭を走り回ったり
何をしていても
嬉しそうなアミを見ると

生き延びれば
この子に
どれだけの
愛情豊かな
幸せな一生が
待っている
のかと思うと
ああ~
がんばれ!
がんばれ!
あきらめられないのだ
…
だめ?
だめ?
庭の片隅に
この世の
光を見ないで
逝った子達の
お墓がある
小花と
ミルクを
供えて
ザクッ
ザッ
小雨の中埋めた
少しでも
雨に濡れないよう
カラスや
たぬきに
荒らされないよう
植木鉢を
かぶせた

子犬が死ぬと
母は
大掃除をする

それから
二人で
スーパーに
買い出しに行く
あ、
これも
食べる？

お寿司、
ピザ、
コーラ、
カートは
刺激物で
いっぱいだ
マルゲリータピザ

私たちは
そうやって
虚無感や
いたたまれない
気持ちを
やり過ごそうとする

その時
母が言った
でもね
嬉しかった

今までは
泣くのも一人
埋めるのも一人
今回は
一緒に泣いて、
話せる人が出来て

うん
ごめんね
今まで…

初めての混合ワクチン

アミも
めでたく
生後2ケ月
幼稚園児位です

初めての
混合ワクチンだ
親もキンチョー

母乳、特に初乳は
免疫力を高め、
生後2ケ月位まで
子犬にウィルスが
侵入するのを
防ぐ
オレ達伝染性ウィルス族～
ジステンパー
パルボ
アデノ

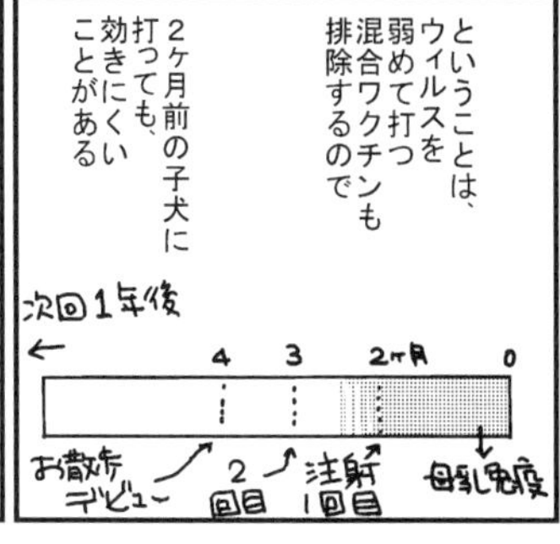

ということは、
ウィルスを
弱めて打つ
混合ワクチンも
排除するので
2ケ月前の子犬に
打っても、
効きにくい
ことがある
次回1年後
4
3
2ヶ月
0
お散歩デビュー
2回目
注射1回目
母乳免疫

うちの犬舎では
生後2ケ月を過ぎて
食欲や便の様子を見て
1回目を打つ
今日は何頭？

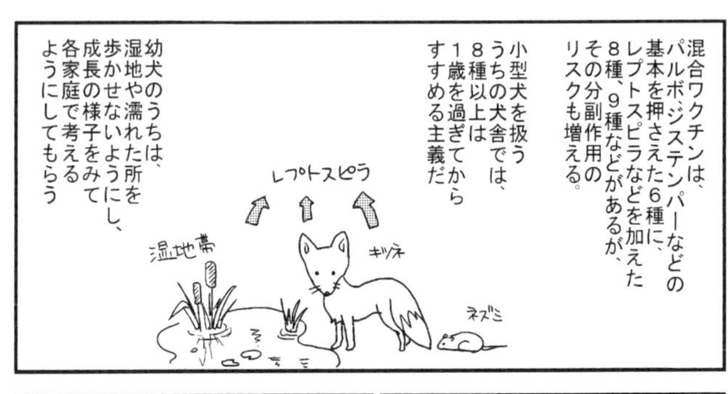
混合ワクチンは、パルボ、ジステンパーなどの基本を押さえた6種に、レプトスピラなどを加えた8種、9種などがあるが、その分副作用のリスクも増える。
小型犬を扱ううちの犬舎では、8種以上は1歳を過ぎてからすすめる主義だ
幼犬のうちは、湿地や濡れた所を歩かせないようにし、成長の様子をみて各家庭で考えるようにしてもらう
レプトスピラ
キツネ
ネズミ
湿地帯

お願いします
さてアミは…
きゃん
あれっおおげさだなぁこの子

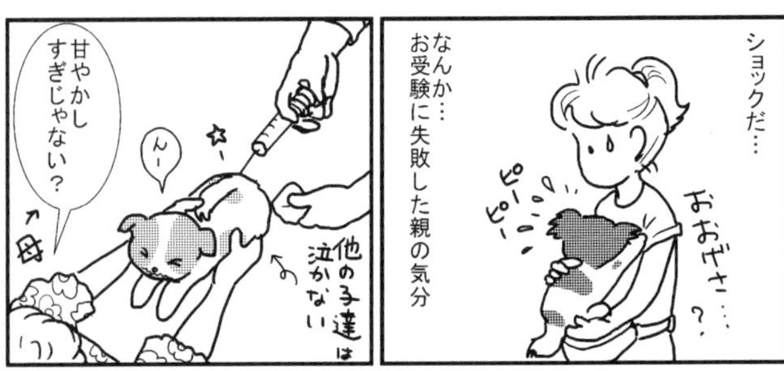
ショックだ…
なんか…お受験に失敗した親の気分
おおげさ…？
ピーピー
甘やかしすぎじゃない？
んー
他の子達は泣かない
母

イヤイヤ、この子は繊細なんだと思う
きゅー、きゅー
ママ、オシリ イタイデス

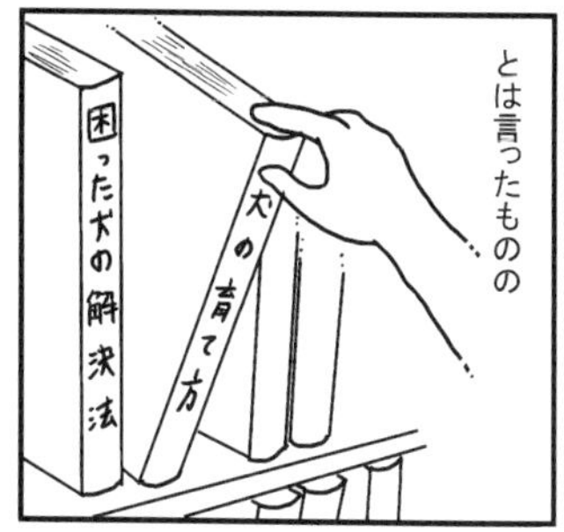
とは言ったものの
困った犬の解決法
犬の育て方

ちょっとした育児ノイローゼです
昨日おしっこ失敗したし
わたしのナニが悪いの

んで気がついたんだけどさ

犬も人間と同じで
一頭一頭性格が違って本やマニュアル通りにはいかないということ

のちの話になりますが、アミは1歳過ぎまで私にもしっぽを振れず
おかえり
…
振ってるつもり

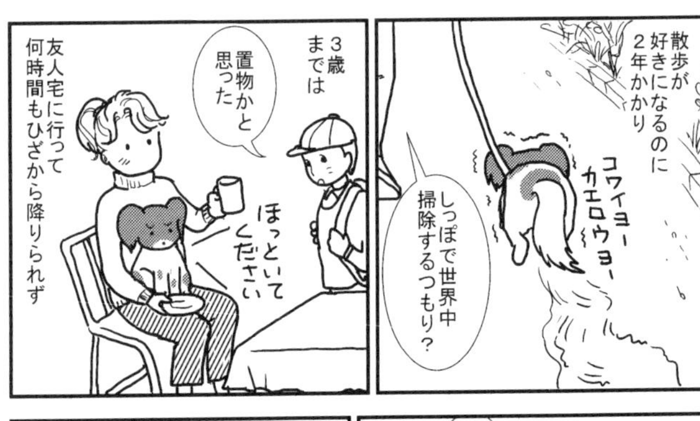
散歩が好きになるのに2年かかり
コワイヨー
カエロウヨー
しっぽで世界中掃除するつもり？
3歳までは
置物かと思った
ほっといてください
友人宅に行って何時間もひざから降りられず

私は決意したシャイで繊細なアミに合う
アラ可愛い
なでてもいいですか

方法を試行錯誤しながら
ごめんなさいこの子臆病で
きゃー!

この子が自信を持って安心して暮らせるよう育てて行こう
どったのアミ

…靴下だよ…
ポト
うわー

生後4ヶ月

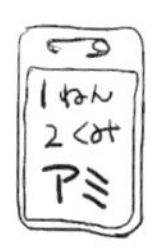

パピヨンの4ヶ月は実にみすぼらしい
同じ子なんだろうかと我が目を疑う
どーも

くそ、
また言われた
顔も体も
縦に骨格が伸び、
さらに毛が無いから
まるで「イタチ」か「キツネ」だ

大人の毛は
きれいだね
つるつるで
光ってて
絹みたい
シルキーコート
と言います

黒い毛は伸びが早く、
茶色の毛は
湿度の高い日本では
伸びが遅いことがある
だれが
落ち武者
だって？
アミは黒いので
小さい頃から
ボサボサだ。

乳歯が永久歯に
抜け変わり始めたり
たいてい
飲み込ん
じゃうよね
※乳歯は
細くとがって
いる！。

初めて
見るものに
警戒心を
抱いたり
する頃
である
なんと、
う〜〜

オオカミ時代からの本能で
子犬が尻尾を振るのは
生後１ケ月から
小刻み

それまでは
巣穴の中で
母親にのみ世話をされるので
子犬(子オオカミ)は
尻尾を振る必要がない

母親は
子犬の排泄物を
すべて舐め取る
巣穴を清潔に
保つため、
そして
敵に匂いで
気づかれないためだ

1ヶ月を過ぎると
子供は
巣穴の外に
用を足しに
出てくるようになる

その時が
兄姉や父など
群れとの初対面
になるので
だれだ
こいつ
おっ
ちいさいぞ
子供は群れに
仲間だと認めて
もらうために
尻尾を振ることを
覚えるのだ

挨拶が終わると
群れで一番
年の近い兄姉が
子守を引き受け、
ほーら
お兄ちゃんは
こーんな
やさしいよ
上に乗って
いいんだ
よ
怖がるときは
お腹を出して
遊びに誘ったりする

母親は
ようやく一息ついて
狩りにゆっくり
出かける
お兄ちゃん
頼むわね
離乳食の分も
食べてくるわ

子供にとって
群れに交わるこの時期が
社会化期で、
この時期出会うものは
巣穴の近くにいるものなので
「全部味方」と刷り込まれる
いじめないでね
みんな
好き
好き
あいそ
ふりまく

4ヶ月というのは
あんたたち!!
図体も大きく
なったんだから
そろそろ
ネズミくらい
自分で
取っておいで!!
て時期でもある
もう
くどくどよ

歯も
おっきいの
生えたし
頑張るか
うん
兄ちゃん

テリトリーの
外では
おっ
危険だ
隠れろ
うん
兄ちゃん
初めて見るものを
怖がらなければ
生きて行けない

冒険の果て
ようやく
ネズミをつかまえ、
勢いよく振って
首の骨を折る
ぶん
ぶんっ
すごい
兄ちゃん

ぶん
ぶんっ
ぬいぐるみを
振ってるのはその名残り
あーあ
殺してるよ
うーっ
なんだろ
この快感

お散歩デビュー

2回目のワクチンから約1ケ月
よしっ お散歩デビューだ
なんだそれ

と言っても4ケ月では社会化期も終わり、
怖いものが増えすぎてデビューには少し遅いので
マンホール怖い…

抱いて散歩したりして早めに外を見せる
カンカン
ブーッ
犬用抱っこバンド

10日前位から家の中でリードをつける練習
神経質な子はそれでも嫌がるので軽いリボンから

アミは、私がすることは
怖がらず受け入れるので
リードはすぐに慣れた
服も着せてみよう
着せかえ
人形みたい
なすがまま
きゅうりが
パパ

ついて
ターン
家の中では
よく出来るね

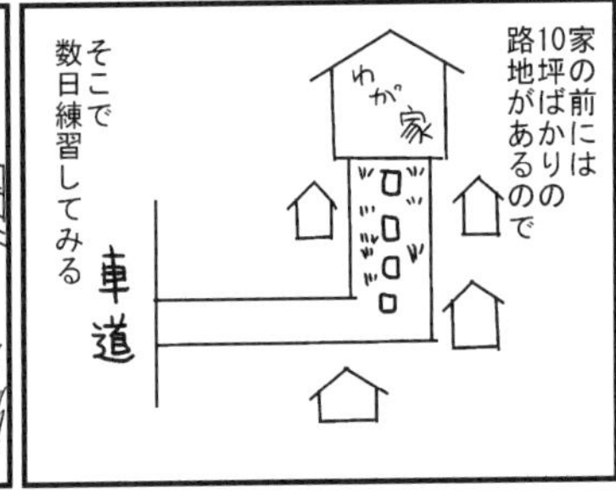
家の前には
10坪ばかりの
路地があるので
そこで
数日練習してみる
わが家
車道

なるべく
犬の
自由にさせて
自信が
つくようにする
もう
いいかげん
歩こうよ

準備万端、
さあ！
お散歩
デビューだ！
ところが

路地からは
一歩も
出ない
ぴたっ
ん？

おーい
ずずず

しょーが ないなあ
よしっ
こっから 帰り道 歩いてみよう
100 m
降ろした途端
帰るっ 帰るーっ
フーッ フーッ
ぜー ぜー
なんちゅー お散歩だよ

それから1年 歩くようには なったが 行きはいやいや
帰りは 一刻も早く 戻りたい
つまり キミに とっては 散歩は 苦行なのね

そんなアミも全員散歩の時はよく歩く
鵜飼いの鵜匠みたい
群れるって安心♪
おおーっ
キキーッ
人も車も呆れて止まる
公園で縁石が高くなったことに気付かず
がくぜんとするアミ
ぽにっ
一回戻ろうよ
次の瞬間
飛んだ！
うそーっ
キャッチ
嬉しいけどあ〜怖かった
落とさないでよかった
戻れてよかった

悪夢!?

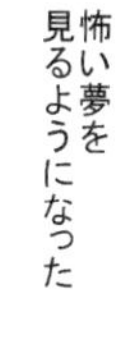

怖い夢を見るようになった

愛するものが増えると恐怖も増えるという
愛する者を失う恐怖だ

最初の夢はアミが生後半年位のとき訪れた
でへーっかわいい

海外の旅行先でアミが行方不明に
アミ〜列車が出ちゃうよ

誰かアミを探して
?

お客様あきらめて乗車して下さい
きゃーダメ〜置いてなんて行けない

はっ
がばっ
……
…
…
…
…
夢…？
スースー
アミ～
わ～ん
な、なんだ
どーした
それからと言うもの
あーっ
ぴらぴらだーっ
見るわ見るわ
あーっこんな所で
風呂で溺死
ボールを追ってマンションの窓から転落
ぎゃ～～～！
その時のアミの体の
アミ～

なんと固く冷たかった
ことか
わ〜っ
アミ〜
目を離しさえ
しなければ
またまた
がばっ
あったかい
ほっ
わーん
アミ子〜
よかったよ〜
いちいち
起こすなって
おはよ
どしたの
また
アミ子が
死んだ
夢見た
ぐったり
あ〜つかれた
かなり
まずいわ
言っとくけど
犬は先に
死ぬんだからね
今から
そんなんじゃ
危ないわよ
そうなの
そうなの
本当、
確実にやばい

だめだ
考えるだけで
泣けてきた
重度のペットロスだけは
なんとか回避したいけど
?

以前、親友の
Yさん宅での会話
犬ってさ
我が子みたい
に可愛いよね
Yさんは
アミの
腹違いの
妹を飼って
くれている
Yさん
レナ

あら
ぜんぜん
我が子より
可愛いわよ
同じ顔してる

犬は突然
金髪に染めたり
ピアスあけたり
しないもん
あ、おかえり
ただいま〜
金パツ
ピアス

犬は一生赤ち
やんの依存度の
ままでしょ
悪さだって
タカが
知れてるし
うん、わかる

覚悟はぜんぜん
できそうにないが

柔らかい
な〜
あったか
いな〜
一日一日を大事に

アミが
今日も温かいことに
感謝します

選ばれる！

アミ生後4～5ヶ月頃
初めて見ためわ私に背を向ける犬
おやつ
ねっ
ママ！私にも
ないよ…

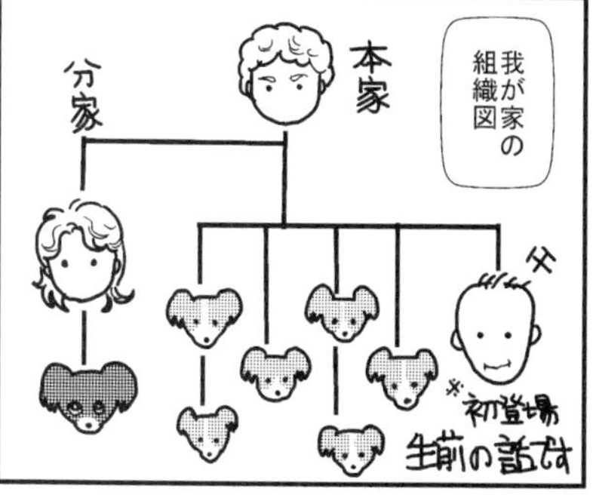
我が家の組織図
本家
分家
※初登場
生前の話です

庭に出る時も私が出ないと出ない
ママ早くっ

二人で帰宅しても探すのは私だけ
ただいま〜
母は眼中にない
ママは？

お風呂もトイレもついて来る
閉めたら泣くし・・・

アミはアナタをボスに決めたのねぇ
しみじみ・・・

以前何かで「飼い主が犬を選ぶのではない。犬が飼い主を選ぶのだ」と読んだことがある。
決めました一生ついて行きます
よろしくお願いします

厳しくしつければ犬は従うだろう
だが信頼された訳ではない
おこるとこわいんだもん・・・

新しい家で子犬が愛想を振りまくのも生きるために真剣なのだ
頑張って可愛がられなくちゃ
ひっし!!

犬にも
れっきとした
人格(?)がある
じっくりと
絆を結ぼう
相思相愛の図
でも具合悪い時
母に行くのはなぜ?
オナカ
イタイ
ナオシテ
クダサイ
頼りにならない
ないんじゃない
アンタ
生後8ヶ月頃
だったか
トイレを失敗した
あーっ
すごく叱ったら
1時間経っても
階下から上がって
来ない
階段
寝たふり
しよ
でも
気になる
腰抜かして
フリーズしてる
うーっ
どうしよう
迎えに行くか
もう少し待つか
うろ
うろ

さらに30分
来た
怒ってるかな
許して
くれるかな
捨てられ
ちゃうかな
…てな顔をしていた
うーっ
か、かわいい
もうちょっと
見ていたい
だめだ
許そう
よし、
おいで
にこっ
その時のアミの顔！
そして
だっしゅっっっ!!
70%感動
30%罪悪感
許して
くれないかもと
思わせたのは
反省点
きゅ
きゅ
きゅ
「叱られたら
逃げずに
あやまりに来る」
こらっ
目指すは
この絵だと
誓ったので
ありました
ママ
ごめん
なさい

初シーズン

生後8ヶ月
ついに
来た
生理だ
と、つい言うが
生理じゃない

シーズン、
ヒート、
言い方はさまざまあれど
平たく言えば
発情期
案外
早かったね
出血でございます

ひょろひょろ
伸びてたのが
止まり始める
生後半年以降、
雌なら
初めての
発情を迎える
早い子で7ヶ月
遅いと1歳過ぎ、
成長の度合いで
個体差が
大きい
4ヶ月
6〜12ヶ月
2才過ぎ

オオカミの
発情は
年に一度、
相手の
好みも
うるさいが
犬は
繁殖させやすいよう
年に2回、
惚れっぽく
作り変えられた
かわいいです
犬ガムあげます
そ、お

生まれた時はあんなに小さかったのに
離乳してからの食欲がすごくてよく成長したんだよね

生後8ケ月では若すぎるので今回は交配はパス
わー特有の匂い

パンツ買いに行こうっと
アミ子はお留守番だよ～
マナー上、発情期が終わるまで犬関連施設は出入りを遠慮する
娘に生理が来た母親の気分
え～っ

周辺の雄たちの正気を失わせ何かあると大変だ

ウエア
S
M
2900
リボンにフリル
けっこう高い…
ナプキンは人間用の小さいの使おう
赤のシンプルなサスペンダー付きを買った

うちのように
職業上、避妊も去勢も
しないのは
管理する人間も
もちろん犬も
大変な
ストレスだ
わーっ
パンツ
脱がしてる
!!!

だめだ
手作りしよ
ダダダ…

どうだ!!

アミは
もてまくった
かーわいい
なーっ
きれーだね
デート
しようよ
父・アルフロも…

うっふん
一般的に
出血が
始まって
12～14日後
が交配の
ベストタイミングだが、
それまでの
雌の態度がすごい

じらしておきながら
うなる
咬みつく
ひっぱたく
そんなに
安い女じゃ
ないのよ
ひっぱるだけひっぱるのだ

オスが諦めかけると
また色目を使う
大変勉強に
なりました
この年まで
使ったことの
ないテクニック
きっと
一生
無理だな…

出血が薄まり
お尻を
軽く叩くと
尻尾を
邪魔にならない
ように倒す
この間
2~3日を
目安に
交配する
×
○
ポンポン
ポンポン

アミは少しだけ
散歩に自信がついた
あっママ、
ここにお手紙
置いて
行きま～す
♪

若くて健康
デビューしたて
の女の子です
ご近所の皆さん
よろしくね
逆立ちは
沢山子供を
産める大きい
子と思わせ
たいから
でも
努力はむなしい

おっ
若くて
美人!?
すんません
※街中や人家前はさせない
よう気をつけよう。
万が一の時は水で流すこと。

ママっ
昨日出した
お手紙の返事が
来てるか
確かめたいです
尻尾はまだ
すぐ下がる
んだけどね。
進歩進歩

SHINPO・SANPO

散歩が進歩!?

SANPO・SHINPO

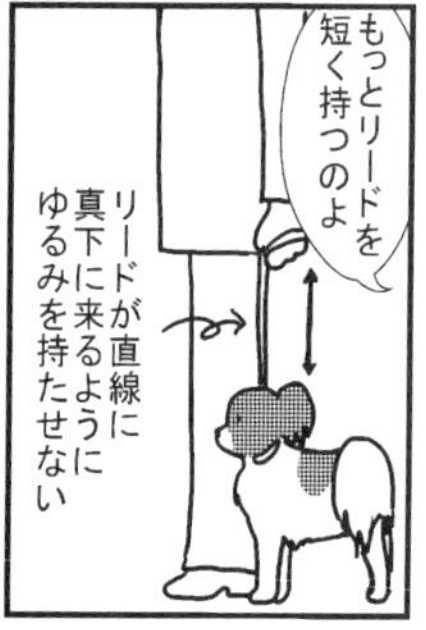
もっとリードを短く持つのよ
リードが直線に真下に来るようにゆるみを持たせない

でもそれって苦しくないの

骨格的に真上は大丈夫よ
前に引っ張る方がよっぽど苦しいわよ
ゼーゼー言うでしょ

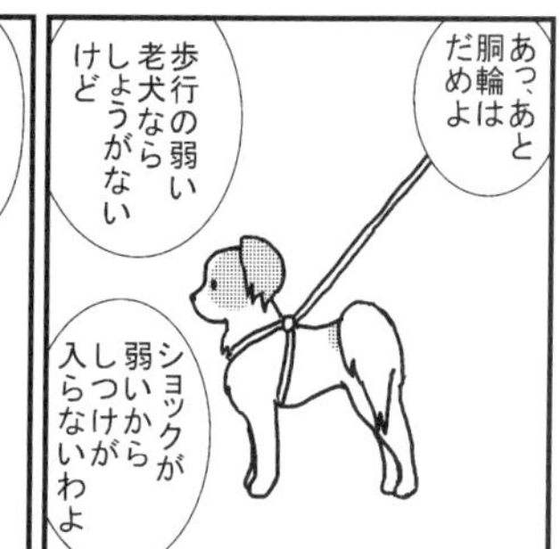
あっ、あと胴輪はだめよ
歩行の弱い老犬ならしょうがないけど
ショックが弱いからしつけが入らないわよ

よしっやり直しだ
ついて
「ついて」の合図で横につかせて静かな場所で歩く
ついて

それが強制であっても
出来たら褒める
グーッド!!

初めは通行人がいると恥ずかしかった
ついて
オーバーアクション、大きな声で褒めながら歩くのは
アミ、グーッド
…

そして
飼い主が早足で
歩くと
吠えない!!
すた
すた

なんと、
一日で
直った
ひっぱらないし
うろうろしないし
吠えないじゃん
すごいぞ
アミ子
別犬に見える

てか…
あたしだね
アミ子の
せいじゃない

ゆるめたリードのせいで
人間より前を
歩くことになり、
アミは
気が弱いのに
私が前を
歩くって
ことは
私が守る
って
ことね
寄るな!
来るな!!
怖いのに～
てことに
なったのだ

数日もすると
夢のたるみリード
実現!
地面も嗅がなくなった

街中じゃ
ない時は
GO!
の合図で
ロング
リードを
伸ばし
わーい
走りまーす

「ストップ」でその場で静止、「ついて」で戻って横につくようにした
これが出来ないとバイクや自転車などロングリードは危ないからね

♪

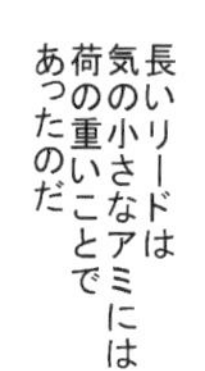
長いリードは気の小さなアミには荷の重いことであったのだ

ちなみにトイレは室内・外、両方で出来るようにすること
雨の日や年老いてから室内で出来ないと大変だ

室外も出来ないと長いドライブなどで犬も人もつらい
気の小さい子には外は案外難しいので

排泄の瞬間「おしっこ」と言葉をかける
朝、室内でさせずに外に出し、なるべく長く遊ばせる
だめだしちゃえ

OOSA
WC
うちにも外で出来ないのが数頭いて
やっぱだめか～
あたしは大丈夫♥

もうすぐ家なのに大も小もやられた～
手を抜かず犬が若いうちに頑張ろう
うわ～くっさ～密室地獄だ

幸せな犬の基準

ジョンとしか呼ばれない犬より
フラッフィ（ふわふわちゃん）
とかマイボーイ（坊や）
とか呼ばれる子のほうが
愛されている確率が高い

アミは

アミ子
アミ子ちゃん
あみたん
あみこっち
の計５個か

アミ子ちゃん
はい
あそこ見てごらん
わんわんがいるよ
えっ
わんわんですかっ
…
ほんとだ
行っちゃった
…
わんわんいたね～
よかったねアミ子ちゃん～
と話していたら
後ろに並んでいたおばさんが
あなた
すごーく可愛いのねこの子のこと
我が子だと思ってるのよね
ははその通りです
思わず声掛けたくなるほど親バカに見えたのね
ほほえましいのよ

別の本だったと思うが
人間は犬の無欲さを見習うべきだって
犬の執着するわずかな財産
それはおもちゃだってさ

と、言っても本人は持ってる数で幸福度は計らないだろうから
これぜんっぶワタシの!

むしろ飼い主の親バカぶりを計る目安かも知れない
ホームセンターに行くと必ず立ち寄るペットグッズ
喜ぶ顔が見たいんだも〜ん♪
TOY
自分の物は我慢しても犬の物は買ってあげたい

¥380
キュー
ただいま〜おみやげだよ
わーい
反応は劇的だ

アミが嬉しいと
私も嬉しい
キュー
キュー
犬用知育おもちゃ
キャラクター系
フェイクファーで鳴るやつ
ボール
ブブー
と言い続け溜まったなぁ

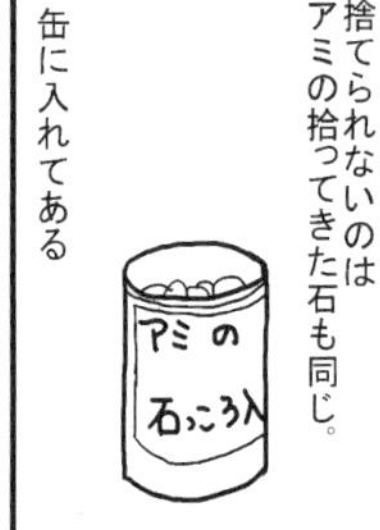
捨てられないのは
アミの拾ってきた石も同じ。
缶に入れてある
アミの
石っころ入

その件に
ついては
後日私から
レポート
します

ただし
アミが石や
おもちゃで
遊べるのは
他の子が寝たあとや
2階だけである

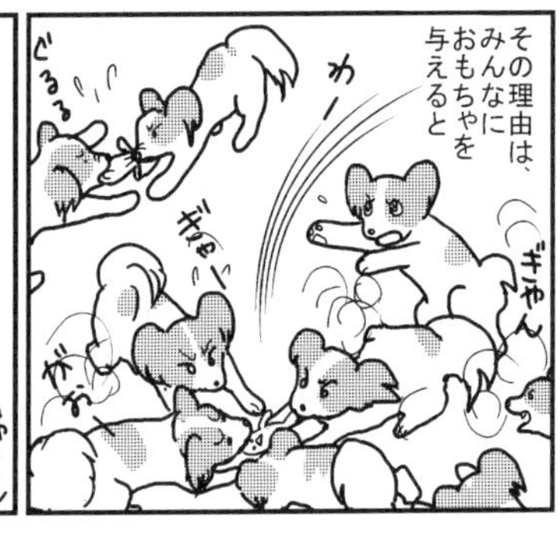
その理由は、
みんなに
おもちゃを
与えると
わー
ぐるる
ぎゃー
ぎゃん
がお

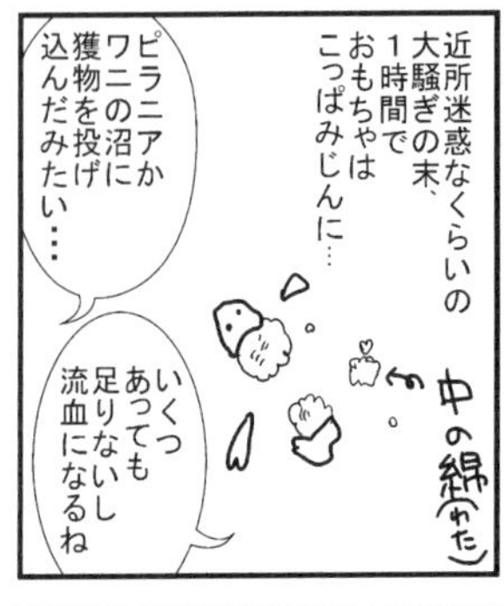
近所迷惑なくらいの
大騒ぎの末、
1時間で
おもちゃは
こっぱみじんに…
中の綿(わた)
ピラニアか
ワニの沼に
獲物を投げ
込んだみたい…
いくつ
あっても
足りないし
流血になるね

悪いけど
あんた達は
これ
トイレット
ペーパーの芯
サプリメント
のふた
ねじった
広告紙
くれ

結構
盛り上がって
いる
ぐるる~
ううう~
ふた
絶対
渡すか!
ずっ
ずるいっ
ま、いっか

アミの石っころ

今日は
現場から
私の石について
レポートします

はじめのうち
ママによく
ボールで
遊んでもらって
ましたが

ある時
発見
庭に
たくさん
あるじゃん

ママっ
私も見つけ
ました

あらっ、石
拾ったの
ママに
ちょうだい
いしって
いうんだ

やだ
そっか
ママも石欲しいのか

散歩の途中
どこにでも
石がある事に
気がつきました
石って
べんり
今日はこれ
もって帰ります

ママを
誘います
ママも石
好きだよね
あそぼ

ママはずるい
手だと
負けると
わかってるので
足で蹴ります
あっ

そうやって
石蹴りを
しながら
帰ります
これやると
時間かかる
んだよね～

持って帰った石は
「アミの石っころ入れ」
に入れてくれます
アミの
石っころ

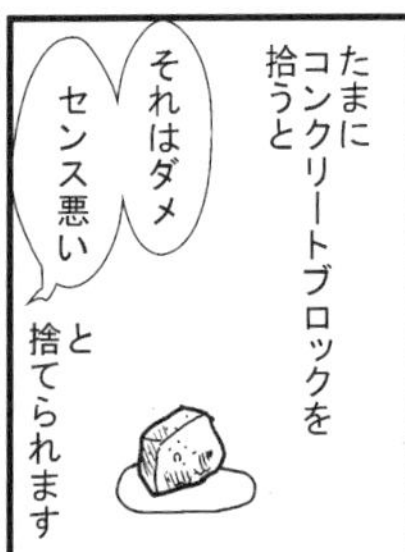
たまに
コンクリートブロックを
拾うと
それはダメ
センス悪い
と
捨てられます

でっかいのを
掘り出すことも
あります
なんで
それなの？

持ち上がらず
足がはねて
しまいながら

必死の思いで
家まで
運びましたが
それは
大きすぎです
と却下されました

ふ〜っ
徒労に終わることは
あるものです
アミの
石っころ

親戚の家に
行った時は
驚きでした――
玄関前に
黒や白のきれいな
石がいっぱい!!
わー
宝の山!
玉砂利
ですよ!

夢中で拾っていたら
おじさんが
そんなに
欲しいなら
好きなだけ
持って行けば

ママっ
あとこれも
お願い
します
ママに
たくさん頼んで
しまいました

家に
帰って
缶に
入れて
もらった
あと

倒す
そして
全部
残らず
出す

ママが入れ直す
出しちゃだめでしょ

入れたそばからまた倒す
この遊びは何度やっても飽きないです

最近は缶が一杯で
外に置いて来なさい
新しい石を持ち帰らせてもらえません

は～い
置いたふりして目を盗んで持って帰るので

掃除のときソファーの下からたくさんの石が
あーっ
ここにも

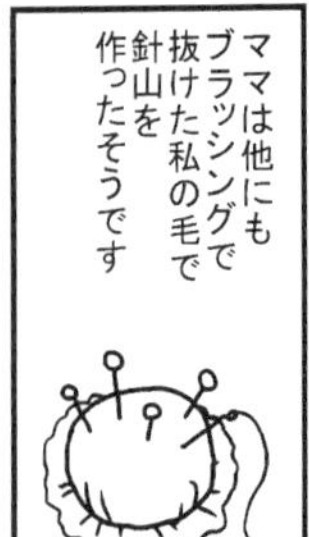
ママは他にもブラッシングで抜けた私の毛で針山を作ったそうです

アミ子の思い出になる物はなんでも取っておきたいの
生きた証だよ

人間てたまに面倒くさい生き物だと思います
ワタシ生きてるじゃん
変なの
私は今日も石をおなかに乗せてうとうと。
だれ？ラッコに似てるっていうの

お別れ

喪中はがきが来た

喪中につき
年末年始の
ご挨拶ご遠慮
申し上げます

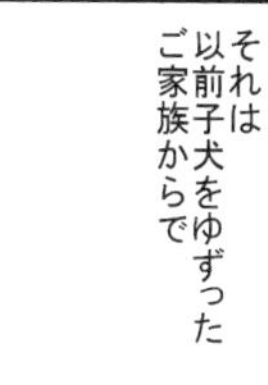

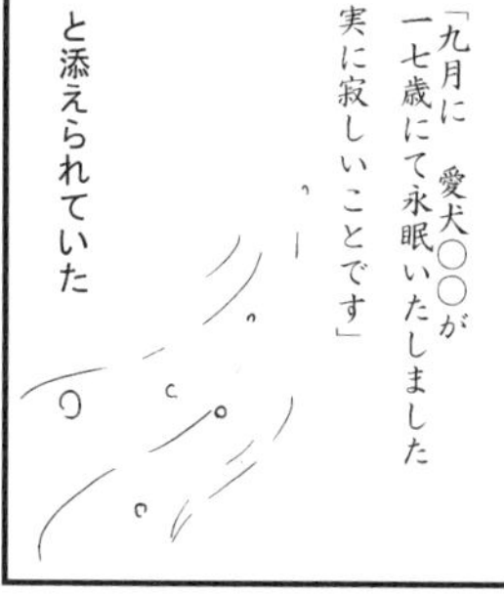

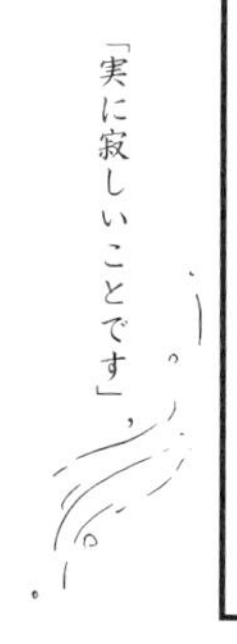

何と万感の思いの
こもった
一文だろう
わたしたちは
こみ上げるものを
抑えられません
でした

少し前まで
ペットはあくまで
家畜で、
いつまでも
愛犬の死を
悲しむと
おかしな人と
思われ

自分も、悲しみを表現するのに
罪悪感を覚えて
感情を押し殺したあげく
さようなら
お疲れ様～

うつ状態になったり、
周りのケアが遅れて
自殺するケースが
出て
次第に
「ペットロス」
という言葉が
認知されるように
なった

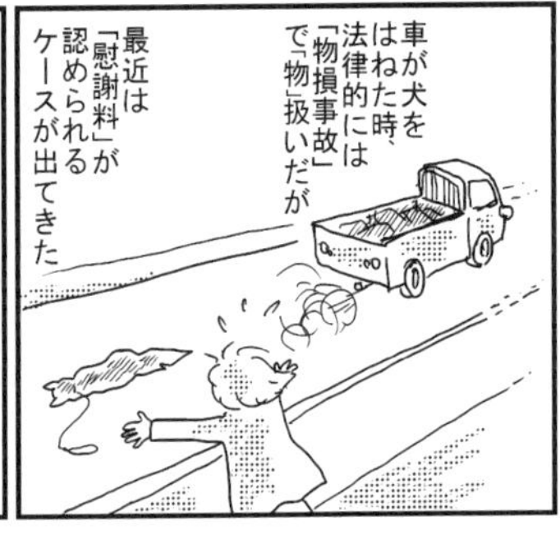
車が犬を
はねた時、
法律的には
「物損事故」
で「物」扱いだが
最近は
「慰謝料」が
認められる
ケースが出てきた

それでも、
である
喪中はがきは
初めてだった
たしか
子供のいない
ご夫婦だったのよ

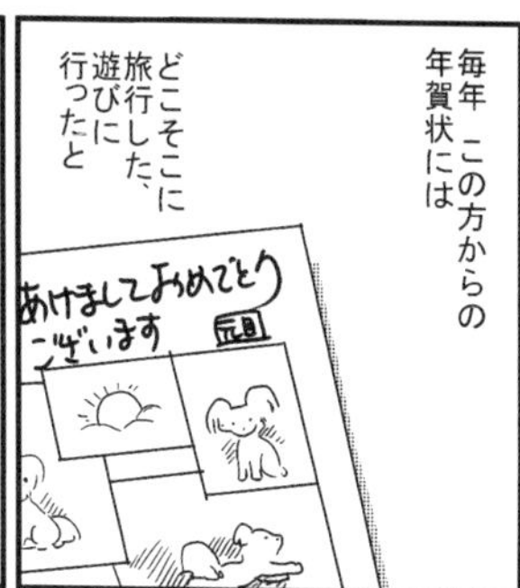
毎年 この方からの
年賀状には
どこそこに
旅行した、
遊びに
行ったと
あけましておめでとう
ございます
元旦

楽しそうな
犬との1年分の
写真が
レイアウト
されていた

「実に寂しいことです」

喪中のはがきを
出してもらえる
この子は
本当に
幸せだったと
思う反面

ご夫婦のお気持ちは
いかばかりで
あろうか

外国の詩で、
愛犬を亡くしたのに
家の中を
ついてくる
足音が
聞こえてしまう、
というのが
あった
つらさのあまり
作者は引っ越すか
旅に出るという

ペットロスから
立ち直るには
ただの犬ではなく
愛する家族を
なくしたのだと
周りに理解され、
悲しみを分かちあう
ことが大事だという
挨拶状はそんな時役に立つ

やりすぎだと
思うだろうか

悲しみの深さには
ものさしがない

心の区切りを
つけるための
セレモニーの形は
人それぞれだ

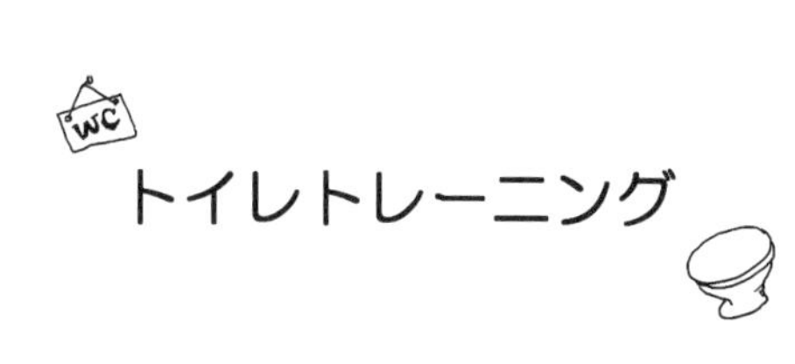
WC
トイレトレーニング

トイレを覚えない子はいない
要は人間の根気だ
アラ失礼

あっ
見てなかった

と同時にトイレを絶対失敗しない子はいない
ごめんなさい
ぐるぐるきゅるるる
がまん出来なくて

もしも余りに失敗が多いなら胸に手をあてて考えてみよう
そう言えば…
ただ怒っていないか、叱り方が適切か、意図が伝わっているか

前にも描いたが、犬は本能で巣穴を汚さない
んっ

子犬のうちは
巣穴、つまり
自分の小屋に
近すぎると
失敗しやすく、
遠すぎると
さらに難しい

出入口に近く
ないか(怖い)
部屋が広すぎ
ないか
(6畳間以上なら仕切る)
失敗した場所を
よく消臭出来ているか
など、失敗の原因を考えること

トイレを
寝場にする
子犬も多い
これも本能だ
あーあ、トイレで寝てるよ

寝ぼけた子が
ベッドでおしっこ
すると
ふら
ふら

一気に
トイレと
寝場が逆転!
トイレ、きれい♥

自分のおしっこの匂いって落ち着くよね
何か守られてる感じだよね
犬にとって自分の排泄物は
臭くないのだ

難しいのは
本能にないこと
「トイレの場所は
家の中では決まっている」
ことを
どう教えるか
ダメでしょ
子犬を
怒ると

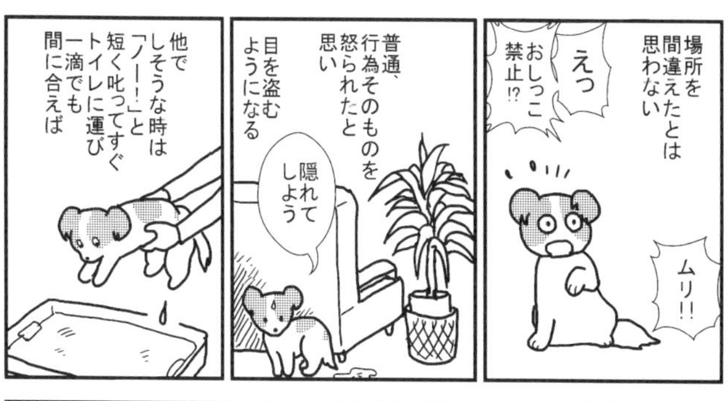
場所を
間違えたとは
思わない
えっ
おしっこ
禁止!?
ムリ!!
普通、
行為そのものを
怒られたと
思い
目を盗む
ようになる
隠れて
しよう
他で
しそうな時は
「ノー!」と
短く叱ってすぐ
トイレに運び
一滴でも
間に合えば

匂いを嗅がせて
ひたすら褒める
いい子ね〜
トイレで
おしっこ
したの
何ていい子
なんでしょ
「決められた場所で
出来たから褒められた」
とわかるまで
根気よく続ける
つながった!!
人間のルールが
わかって来たぞ

失敗を怒るだけでは
次に
「怒られないには
どうすれば良いか」
という推理が
必要になるので
子犬には難問だ
褒められて
伸びるタイプ
なんだよ
ママ、あなたと
一緒です
トイレ
トレーニング
の時
ご褒美に
おやつを
あげていた
人がいた
よく
出来たね

ある時
その子が
ウンチをして
飼い主が
気付かなかった
あ～
それでさ

ん？

そこには
湯気の
たつ
ウンチを
くわえた犬が
わー
ごほうび
くらはい

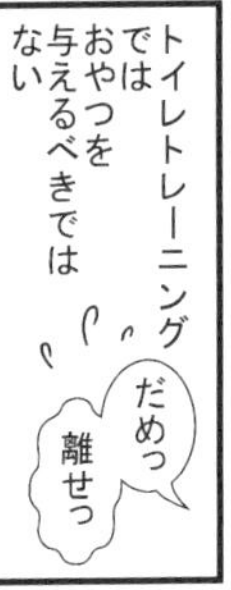
トイレトレーニング
では
おやつを
与えるべきでは
ない
だめっ
離せっ

とにかく
よく
犬の様子を
見守って
そろそろ
かな
と思ったら
そわ
そわ
くん
くん

失敗する前に
トイレに急行

おしっこしたの
偉いね～
つれて
こられた
んだよ
その繰り返しである
？？

そのうち必ず
わかる日が来る
徐々にであっても
必ず
場所が
決まってる
のか!!
これは
しないね

食糞！

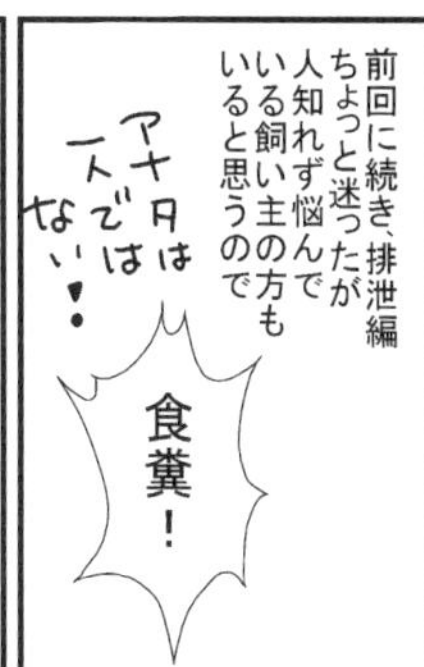

前回に続き、排泄編
ちょっと迷ったが
人知れず悩んで
いる飼い主の方も
いると思うので
アナタは
一人では
ない！
食糞！

知らない人は
全く知らない
知ってる人は
ひた隠しに
隠す
まーっ
とんでも
ない
うちの子は
そんな不潔
なこと！
もぐもぐ

でも意外と
食糞する子は多い
特に若いうちは
みたなー

犬族にとって
排泄物は
汚くない
元来、野生の捕食動物は
他の動物のフンも
エサとすることがある
あいつはまだ
捕まえられ
ないけど、これなら…

フンには
未消化の栄養が
沢山含まれているので、
再利用は
野生動物にとって
当然の行為だ
犬は
フンの中の
栄養物の匂いを
嗅ぎ取り
エサとして
認識するのだ
ウンチ
拾ってる
犬の嗅覚は
混ざったものも
別々に匂うん
だって
それでもねぇ

そういえば犬は舐めて自分の体を清潔に保つから、
いちいち臭いとか思わないか

母犬も1ケ月以上子犬を舐めて世話するんだし
私たちと感覚が違うんだね

かく言うアミも若いころ…
ママ、私は食べませんよ
うそつけ

アイ子(猫)のを食したことがあった
すっごいいい匂いなんだけど
アイコ

猫は基本犬よりグルメだ
猫の嗜好性を高めるよう猫エサにはたっぷり香料が入っているので糞にも匂いが残る
カツオだしにササミ入りう～んたまんない

最初発見した時
猫砂まで食べて～っ
ぎゃーっやめなさいーっ

もーあんたとはキスしない!!
一緒に寝ない!!
ゴジラ化した

そんなことが2、3回あって
ぜーっ
ぜーっ

どうなのまだ食べる気?
たべませんよ
ママ、ゴジラになるんだもん
アミの食糞は止んだ

食糞は普通大人になるにつれ治るが、たまに続くときもある
あ〜っ

原因はストレス、食事が足りない、胃腸の調子が悪い、等々色々あると言われるが
とにかく素早く片づけること
カルタ取!!かい
あっくそっ

もし食べたらしっかり叱ること
食糞がいやな記憶と繋がり、鼻先に近づけたらいやがって顔をそむけるのを確認すること

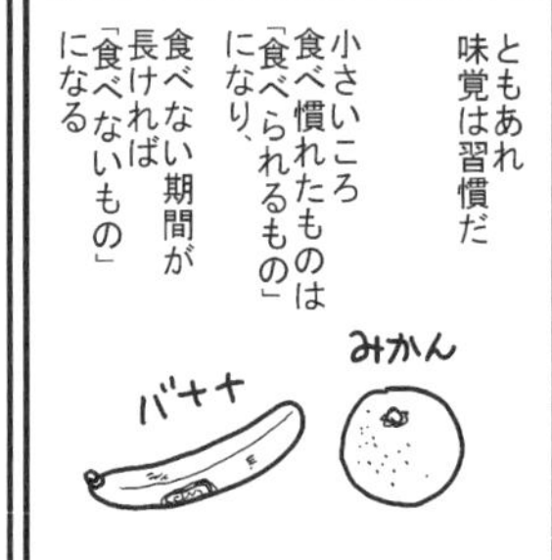
ともあれ
味覚は習慣だ
小さいころ
食べ慣れたものは
「食べられるもの」
になり、
食べない期間が
長ければ
「食べないもの」
になる
みかん
バナナ

アミは
バナナを幼少から
食べさせたので
「食べられるもの」だ
わーい
バナナ
くださーい

それ
食べんの
でも
ほとんどの子は
食べない
しゅみわるっ
ウンチのが
うまいぞ

最近のこと
おかーさん
何食べてんの
私にも下さい

ホントに
食べられる
ものなら
食べてごらん
蜂蜜漬け
梅干し
だよ
ん？
…

ほらね
キミには
無理だ
犬から見たら
梅干し食べる
人間もゲテモノ
かもね
ありえない
でしょ

暑がり寒がり

２００１年２月
アミ生後10ケ月
横浜は
久しぶりの
大雪になった
お～
積もった

犬は喜び
庭駆け回り
猫はこたつで
丸くなる
童謡の
あの歌詞は
本当なのか
猫は
その通り
だけど

検証しよう
おいで
アミ

わー
真っ白
アミにとって
初めての雪

そして毎日
雪がなくなるまで

わざわざ
残り雪の
所だけ歩く
んだね

雪玉を投げて取ってくるのもうまくなった
雪の中からよく雪を見つけられるね
ママの手の匂いですよ
これね、そっとくわえないとちっちゃくなるんですよ

検証。童謡は本当だった
しかし

犬が全てそうとは限らない
ボクも遊ぶ!!
アルファロ

寒がる犬も多い
じょ、じょーだんでしょ
あり得ないよね

犬の種類でも違い、シングルコートの犬は寒がりで
シングルコート
パピヨン
ヨーキー
オーバーコート
アンダーコート
柴犬
ハスキー
ダブルコートの犬は寒冷地仕様だ

シングルの種類でも性別・年齢・季節でダブルになる時もある
私は若い時シングル、避妊後ダブルになったの

寒冷地仕様の犬種でない限り
犬は想像以上に寒がりで
全犬種が
人間より暑さに弱い
夏、
舌が長く出て
荒く息をするようなら
熱中症の危険がある

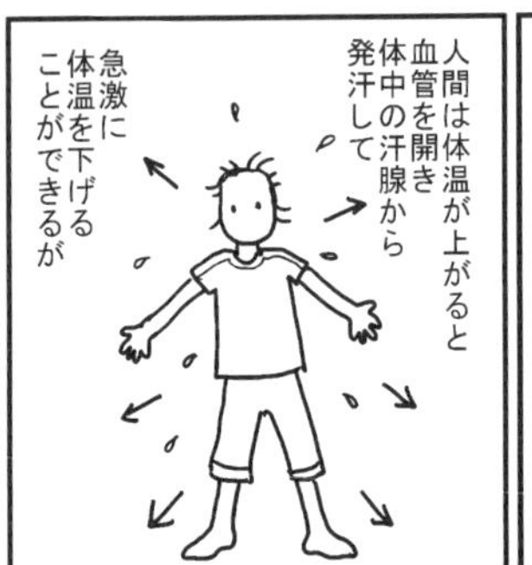
人間は体温が上がると
血管を開き
体中の汗腺から
発汗して
急激に
体温を下げる
ことができるが

犬が発汗出来るのは
舌と足の裏のみ
面積が小さく
非常に
効率が悪い
体温を下げる
のに時間が
かかるため
体内に熱が
たまり死に直結する
緊急時は濡れタオルで
くるみ早く冷やすこと

冬場
震えていたら
犬用ヒーター
または毛布
特にお腹と
鼻先を温かく
すること
子犬、老犬は
体力を消耗するので
特に気をつける

ミニピンシャーや
グレーハウンド
など
毛の少ない犬種を
日本で飼う
場合は
洋服を
着せることも
いいかもしれない
シングルコートの
犬種も同じだ

うーっ 寒ぃ
それにしても
何であんたは
元気なの
ゴミ捨て？
帰りに石で
遊びましょ
つきあいますっ

アミ子の恋

アミ、1歳3ヶ月
2度目の恋の季節が
やって来ました
ぽ
今回はトライする？
お～
娘18
番茶も出花
大丈夫かなぁ
犬は可愛がりすぎると

同族に興味を示さなくなることがある
…
アミ本当にその気になるかしら
同居犬とはムード出ないかも
アルは父だし
ふーんだ

ママっ
みんな
しつこい
う〜ん
育て方間違
えたかな

それで
知り合いに交配を
頼むことにした

交配は
男の子の
家に行くのが
基本だ
うまくいくかな
一度掛け

オスは自分の
テリトリー
以外では自信が
なくなる
ことがある
メスは反対に
テリトリー外
で従順に
なるほうが
うまくいく
自信あります
こんにちは♡
ぼくんち

排卵日が特定
出来ない時は
中一日あけて
2回交配(二度掛け)
するが、
今回は遠いので
一度掛け
いらっしゃい

犬同士は初対面
うちの
子です
トライ
(黒・茶・白の三毛)
の男の子だ
きりっ
やあ!

その時
私は見た!
!

アミの目が
見る間に輝き、
乙女に変身
するのを

素敵！一目惚れです
僕もです
恋が生まれる瞬間!!

何とも言えない気持だなぁ
嬉しいんだか切ないんだか
複雑…

じゃれる

甘える

きゃ～キスしてるよ

しぐさも声も目つきもまさに『女の子』になったアミ
何だかね

幸せそうな2人を見ていると、そんな経験をさせてあげられて良かったと思う
カレシ優しいわね
ラブラブ
上手にリードしてくれたね

初めて同士は
うまく行かない
ことが多く
どしたら
いいの
ボクも
わかんない

えいっ
好きっ
何か違う
気がする

犬もどちらかが
経験者の方が
いいらしい

デートは首尾よく
終わったが
なんだろ
この
もやもや感
※安静にするため
しばらく抱いて
います

何だろう
この満ち
足りた顔は

彼が出来たって
言われた
親の気持ちって
こんな感じ
なのかしらん

けがれなき
少女から
急に大人に
なってしまった
さみしさ？
ママっ
気のせい
ですよっ
さっ
遊びましょ

アミの妊娠

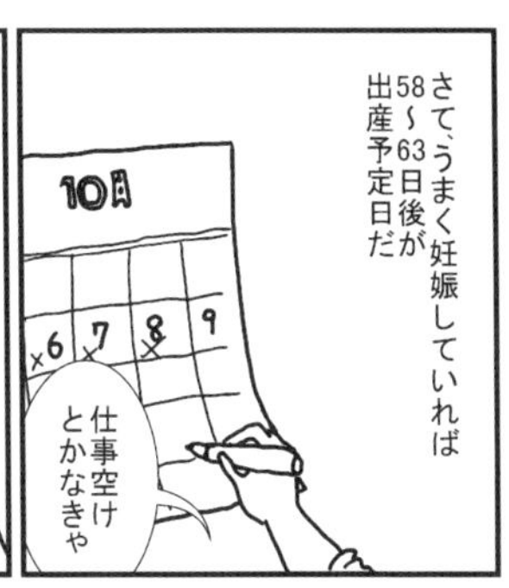

30日を過ぎると
少しお腹にハリが出て、

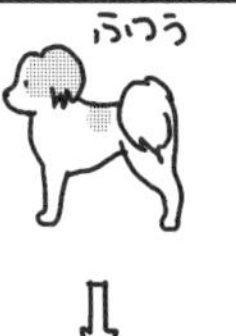

40日で膨らみ始めると
エコー検査で
映るようになる

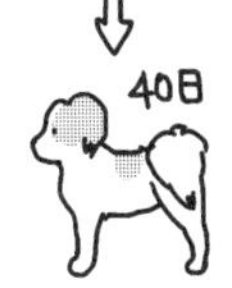

その頃になると
つわりも治まり
食欲が出てくる
流産のリスク
も去り、

えっ
気のせい？

疑似妊娠（想像妊娠のような状態）
であればお腹は引っ込み始める

すごいなあ アミの 食べっぷり
あれは 出来てる よね
多分ね
そして 45日頃
枕元で 寝ていたアミが
突然飛び上がった
きゃっ
何？
何？
どしたの アミ
…
こわ こわ
確かに 何か いました
そっか～ アミ！
お腹の 赤ちゃんが 動いたんだね
よく見ると 蹴ったり 頭突きしたり 動くのが わかる
足
頭

なんか幸せだなぁ
ピクッ
ピクッ

それにしても
犬と言うものの順応性の高さ
起きやしない胎動を何だと思ってるんだろうね
ぴくっ
ぴくっ
〜んが〜

そして
うまく座れません
すんごいお腹大きすぎじゃない？

運動もしないと難産になるってさ
うぇ〜
どすどす
のたのた

出産予定日まで一週間を切ってかかりつけのH病院にレントゲンを撮りに行った
出産ぎりぎりまで放射線を胎児に浴びさせないためだ

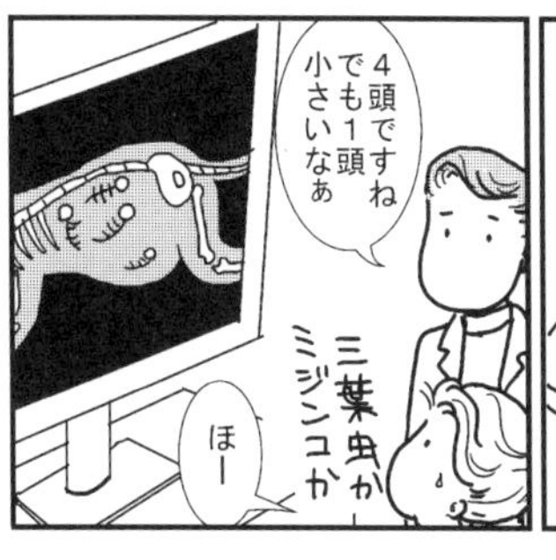
4頭ですねでも1頭小さいなぁ
三葉虫かミジンコか
ほー

骨盤と胎児の頭の寸法を測り比べてもらう
最後の数日でまた大きくなるけど、骨盤は通るでしょう
問題はこの小さい子ですね
院長I先生

4頭か
ふーっ
お腹大きいわけだよ
すでに巨乳だし

予定日前日
体温が高温期から36℃台まで下がれば24時間以内に出産だ
2階にも小屋作っとかなきゃ
ママっ待って
下で待ってなさい
あたしも行くっ

振り返った目に頭から落ちていくアミの姿が
スローモーションの悪夢だ

ぎゃーーーっ
お腹を打ちつけた大きな音と動かないアミ

最悪のことが頭をかけめぐった
アミーーーっ

9

出産間近

10

二足歩行の
人間と違い
犬は
めったに
階段から
落ちない

4本足の
メリットは
大きく
おっと
足を滑らせても
途中で
方向転換し、

転がり落ちる
ようであっても
なんとか
着地する
セーフ

だから
アミが何も出来ず
落ちたのは
本人に
とっても
想定外だったに
違いない

アミっ
体が重すぎて
そのまま
落ちて行き
お腹を強打したのが
上から見えた
アミ〜っ

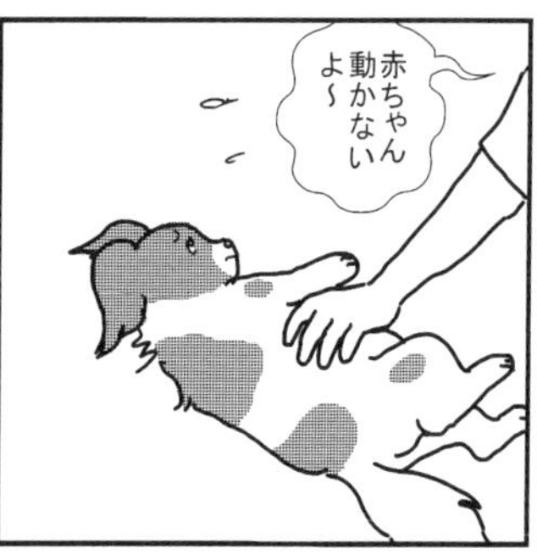
赤ちゃん動かないよ～

どうしたの今すごい音が・・・
アミが落ちた～

・・・
いてて・・・
アミは少しして起き上がったが

お腹の子供がピクリともしない
胎児が産道に近いせいかも知れないけど
最悪の場合子供はあきらめることも考えなきゃね

今は様子を見るしかないわよ
アミさえ無事ならいいとしよう！
出産間近の胎児は動きがにぶくなることがある
とんだ目にあった
何で落ちたんだ？

アミの内臓損傷も心配したが
全くもう
犬の強さかはたまた奇跡なのか無傷のようだった
よた
よた

そして
次の日、
予定通りに
36.9
ピピッ
体温
下がった！
今日始まる

ちょっと
買出しに
ダメっ
行かないで
ひー、ひー、
これから
つきっきりだし
甘ったれ
に育てると
こんな時
大変だ

出産までの流れ
①出産前後、仕事を休める
環境を作れるか確認。
近くで夜間診療を
してくれる獣医さんを
さがしておく。
あのー
そちらの病院は

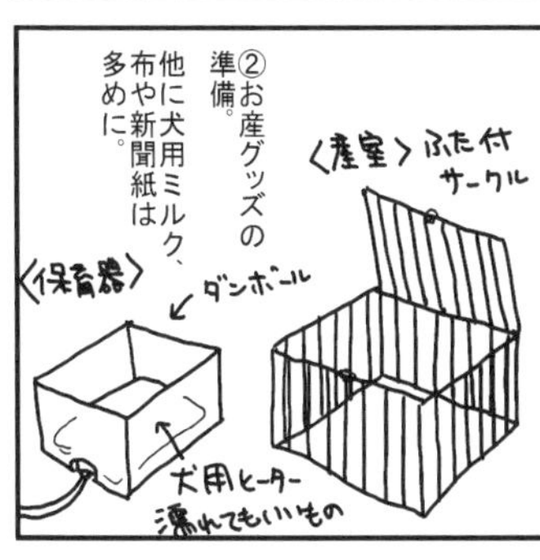
②お産グッズの
準備。
他に犬用ミルク、
布や新聞紙は
多めに。
〈産室〉ふた付
サークル
〈保育器〉
ダンボール
犬用ヒーター
濡れてもいいもの

③妊婦用の高栄養食を与える。
ただし、つわりがおさまるまでは
脂肪分の強い食事を
受け付けない子も
いるので無理しない。
うっ
すっぱいもの
お願いします
40日前後でエコー検査を。

④出産1週間前
くらいになると
暗い所、狭い所に
入り込むことも。
あせるので
ふさいでおこう。
アミっ
お願い
出てきて！
そこで
産まないで
縁の下

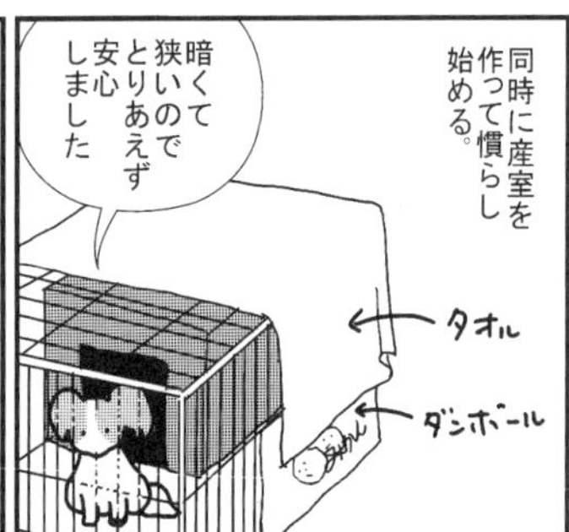
同時に産室を作って慣らし始める。
暗くて狭いのでとりあえず安心しました
タオル
ダンボール

⑤出産3日前、体温を測り始める。
数日籠城出来る食料も買い込む。(これはうちの場合)
健康な子なら問題ないが、未熟児が生まれたら目が離せない。

⑥体温が下がり始めたら獣医さんに連絡。
始まりそうです
何かあったらよろしくお願いします
本当に何があるかわからないお産は毎回違う。

震える、吐く、産室をかきむしる、などが始まればお産は近い。
お乳が飲めるようお腹の毛を短く切っておこう。
くっそ~

いや~どうしよう大丈夫かな
おろおろ

母は冷静に言い放った
黙りなさいアミ!!
ヒーヒー言ってるうちは産まれないわよ!!

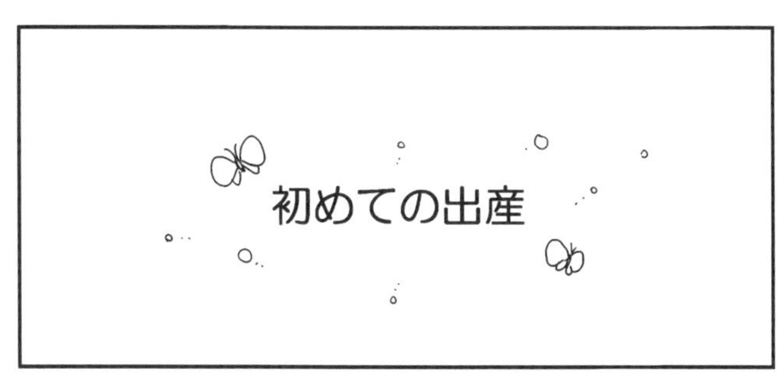
初めての出産

基本、
アミは普段から
大げさだ
ぎゃーっ
いたいーっ

犬殺し～っ
これだけ

だから
陣痛が始まった
ときのさわぎは
想像に
かたくない

本当に
痛いっ
死ぬかも
ママ
助けて
何で見てる
だけなの
ママなら
治せる
でしょ

これじゃ
産まれない
わよ
黙らなきゃ
いきめない
もの

おっ、新聞紙
引き裂いてる
良い感じよ
う〜っ
ビリビリ

最初
ウンチが出ない
とカン違い
するのも
皆やるわね
もしかして
ひどい便秘?

やっぱ
出ない〜
ウンチじゃ
ないんだ〜

あんなに
痛がるって
ことは
何か
異常でも
おろおろ
もしアミに
何かあったら

ありません!!
きっぱり

そして1時間
破水した!

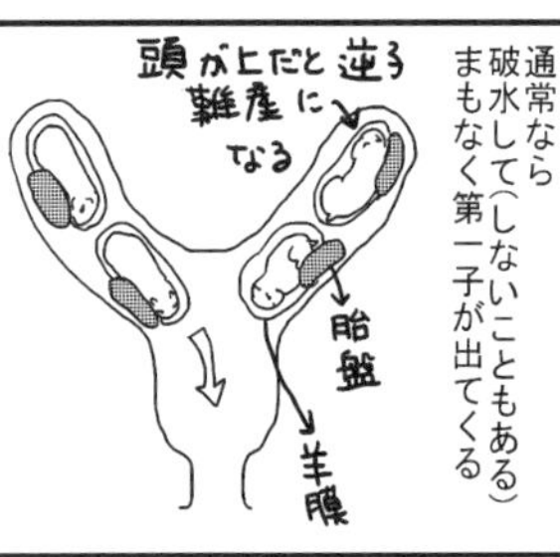
通常なら
破水して(しないこともある)
まもなく第一子が出てくる
頭が上だと逆子
難産になる
胎盤
羊膜

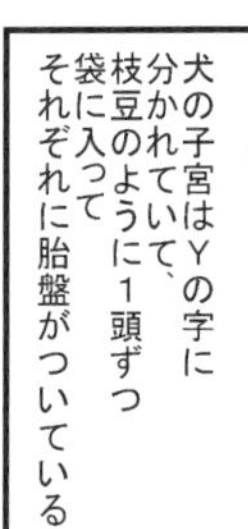
犬の子宮はYの字に
分かれていて、
枝豆のように1頭ずつ
袋に入って
それぞれに胎盤がついている

初産は
思った以上に
時間がかかる
ことが多い
破水から
1時間経つよ
大丈夫かなぁ

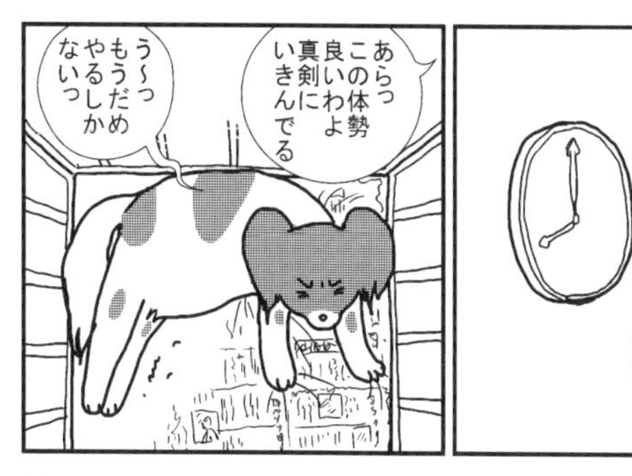
あらっ
この体勢
良いわよ
真剣に
いきんでる
う～っ
もうだめ
やるしか
ないっ

あっ
頭見え
たわよ！
お湯だして
タオルも！

はいはい
布足りない！

ほいほい
かいがい
しく
手伝ってるようで

実は私は
おろおろするばかり
だった
感情移入しすぎだ
アミだと思わない
ようにしよう

出たわ
女の子よ

アミの
お乳を
飲ませる
えっっ？

…
み～み～

か、かわいい…
み～
み～

子供にお乳を与えると次の陣痛が起こりやすい
いたっ

赤ちゃんを保育器に移し、次の出産準備
チビちゃん待っててね
み～み～
う～～っ
ガリガリ

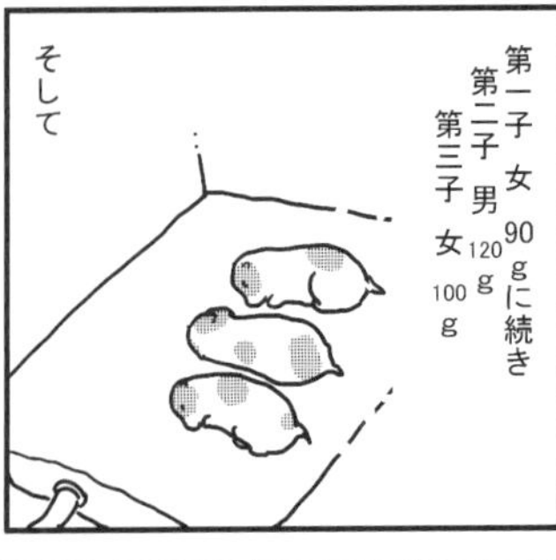
第一子 女 90g
第二子 男 120g
第三子 女 100g
に続き
そして

最後の子
この子小さいわよ60gだ

60gで今まで育ったことはなかった
60g…か…

不思議と力が湧いてきた私は誓った
アミ！絶対死なせないアミの子だもん奇跡を起こして見せるよ
たのんます

60ｇ

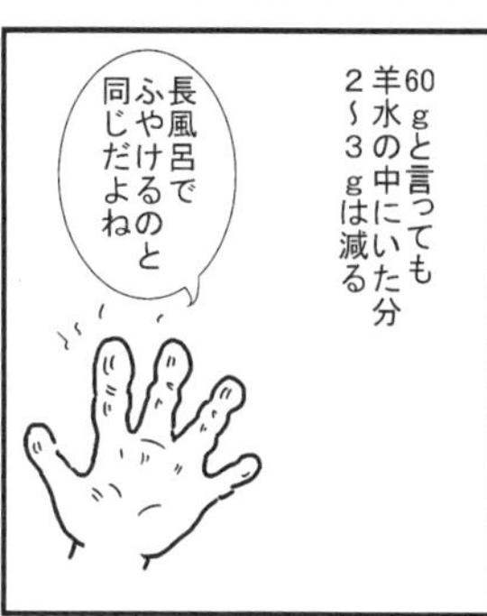
60ｇと言っても
羊水の中にいた分
２～３ｇは減る
長風呂でふやけるのと同じだよね

健康に生まれれば
減る分を上回って
お乳を飲むので
普通は
減ったことにも
気付かない

これは２階で寝てる場合じゃない
１階に当分引っ越しだわ

リビングに産室と布団を並べる
よし、頑張るからね

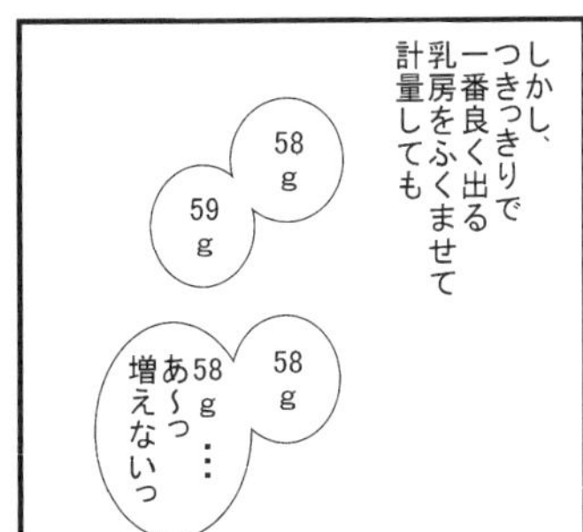

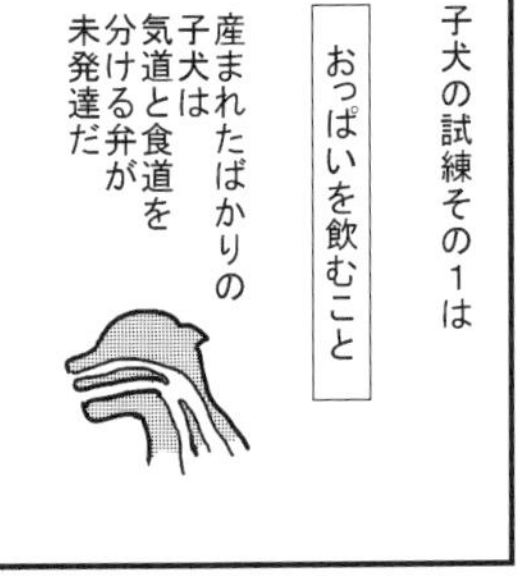

子犬の口は非常に大きく乳房を奥まで吸いこんで気道にお乳が入らないようにする

小さい子は体力が足りなくて量を吸えないし人間の手で授乳すると気道に入り危険だ

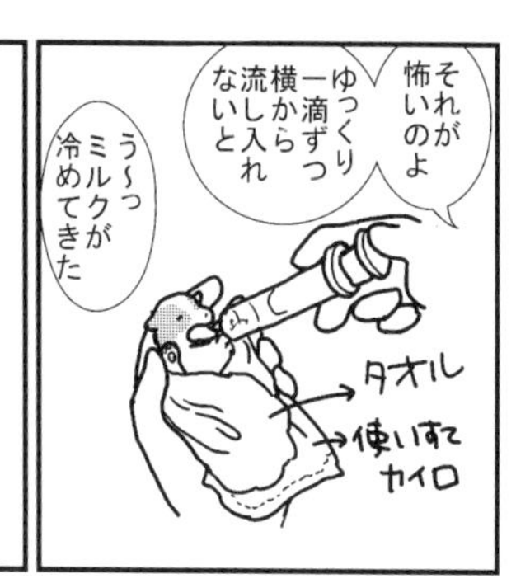

試練その3

小さい子は兄弟たちに押し出されても自力で戻れず冷え切ってしまう

布のすきまにはさまっただけでも戻れない

試練その4

肺機能

成長が遅れると柔らかい肋骨がたわんで肺を押しつぶしてしまう

3日目以降このリスクが急激に増える

命と言うのは何という奇跡の上に成り立っているんだろう

2日目
朝だ・・・
末っ子は
弱々しく
泣き始めて
いた
みー みー みー
アミの
困った顔
・・・ママ・・・
みー みー
この子だけ
泣きやまないの・・・
みー みー
恐れていたことが・・・
アミ・・・かして
うんちが
出なく
なり始めて
るんだね
みー みー みー
アミが
すがるような
目をした
ママ・・・
何とかして
お願い
おっぱいも
飲んでくれ
ないの
1頭でも
具合の悪い
子がいると
母親は心配
のあまり
お乳が止まる
泣きやんで
お願いだから
みー みー みー
子犬を
保育器に移す
ことにした
この子は
ママが
見るから
アミは
おっぱい
出して
みー みー

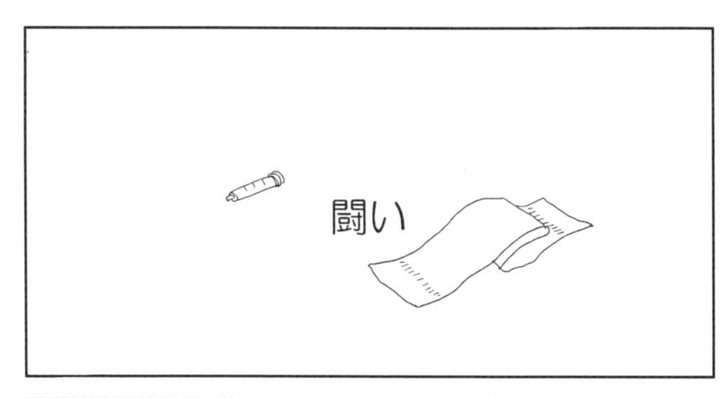
闘い

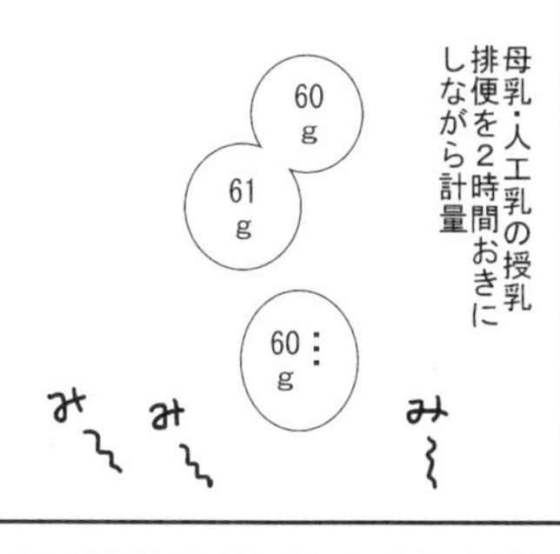
母乳・人工乳の授乳
排便を2時間おきに
しながら計量
60g
61g
60g…
み〜
み〜
み〜

3日目
62g！
増えた！
でも
もうろう

他の子は1日約10gずつ増えてるから引き離されてるなぁ
130g
160g
120g
いやいや欲張らない
この子に大事なのは排便を止めないことなんだから
そーっと一滴ずつ
もうアミのおっぱいは差し乳だから人工乳だけだね

食事はすべて
レトルトかおにぎり
傍を離れるのは
トイレだけ
気が張ってる
から大丈夫
なんだけど
4日目になって
ふ〜

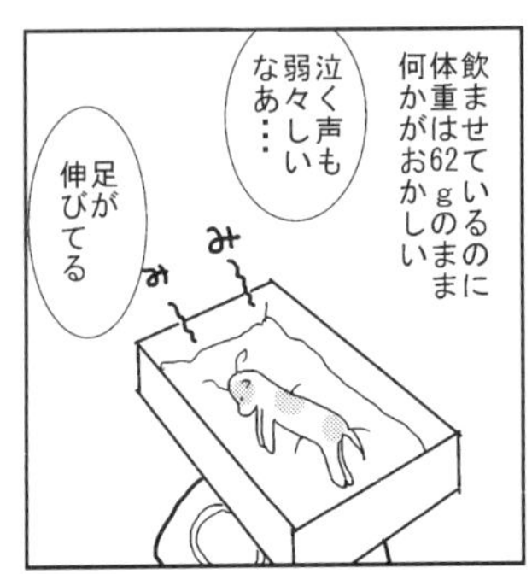
飲ませているのに
体重は62gのまま
何かがおかしい
泣く声も
弱々しい
なあ…
み〜
み〜
足が
伸びてる

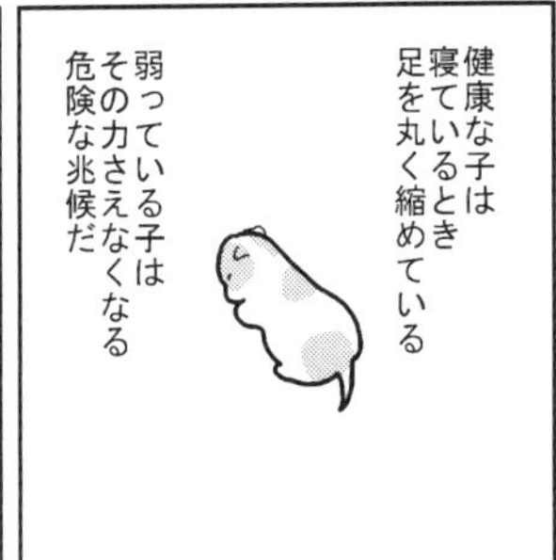
健康な子は
寝ているとき
足を丸く縮めている
弱っている子は
その力さえなくなる
危険な兆候だ

ウンチが
出てない
のかも
知れない
よね
声も小さい
泣く力も
ないのかも
み〜
み〜

4日目の夜
泣かなく
なった
…アミの
そばに
入れてあげ
なさい

アミは
泣かない
末っ子を見て
元気だと
思ったようだった

寝始めたよ
ZZZ

アミ子
ごめんね
もう
出来ることが
ないんだよ

ミルクは
苦しがって
飲まなくなった
あとは砂糖水に
栄養剤を入れて
含ませるだけだ

兄妹を
並べて
写真を撮った

チビちゃん
お母さんの
そばにいられて
良かったね

そして
5日目の夕方
末っ子の
命の光は
静かに消えた

アミ

死んじゃった
ごめん、アミ
死んじゃった
んだよ

アミの
赤ちゃん
助けられ
なくて
ごめん
約束守れ
なくて
ごめん
チビちゃん
苦しい
ことしか
知らないで
死なせて
ごめん

アミは触れようとせず
目をそらした
死んだ
ことは
わからないにしても
何かを
感じたのだろう

飲めなかった
ミルク
食べられ
なかった
フード
遊べなかった
庭のお花…

いつもの場所に
埋葬した

アミ子…
泣きはらしている
アミは再び
お乳が出始めていた

一人っ子を
失った母親は
子供を探し回って
哀れだが
アミには
まだ3頭
元気な子がいる

そうだね
アミはもう
気持ちを
切り替え
たんだね
動物は強いね
私も見習おう
末っ子の分まで
残りの子を
元気に育てなきゃね

アミの子育て

3頭は順調に
育っている
しゅー
しゅー
しゅー

何、その
シューシュー
って

ええっ
おっぱいの
出る音!?
出過ぎだよ
しゅー
しゅー

そんなの
聞いたこと
ないよ
まるで
スプリン
クラーだね
巨乳
ですから

他にも
なに
くるくる
回ってるの

ん～…

う〜ん
違う
くる
くる
はんたい回り

よいしょ

普通は
母親が寝た所に
子犬が
集まってくる
スタイル
背中に回っちゃった

ひどいのに
なると
見もしないで
上に乗って
圧死する
ことも
あれ
どすん

アミは
子犬たちを
一ヶ所に
まとめてから
お腹にかかえて
座ろうと
するので
時間がかかるのだ
あっもう
なんで
気い
使いすぎ

2週間で
目も開き、
生後1ヶ月、
みんなアミに似て
大きな耳が
ぼさぼさに
伸び始めた

かーわいい
なー
フツーじゃ
ないな〜
私にとっては
孫ってこと?
インターネットで
問い合わせも入り始めた

どうするの？
全部手放すの
最初の子は
残すとも
言うわよ

うーん
どうしよう
アミは
子供を
可愛がっていたが

びみょう
だよね
ぶち

あの神経質な子が
すごく
がまんしてる
耳毛なんて
もう残って
ないし

子犬が
私に
じゃれている時は
遠慮して
近寄らない
あたしの
ママ
なんだけど

おっぱいを
あげる以外は
私にぴったり
くっついて
子犬のそばに
行かなくなった
ぴー
ぴー
ぴー
ぴー

子犬と私
の間で、
気持ちが
行ったり
来たりで
ストレス
みたい
子犬を
残すことは
アミには
幸せじゃ
ないのか
もね

決めた
全部
手放そう
アミ、
それでいいいね

みんな行き先が
決まった
長女
アイ
長男
ジャスティ
次女
ソフィー
優しそうですてきな
おうちばかりだ

よろしく
お願いします
ぶ

ん？
減った？
別れの瞬間には
母親は立ち会わせない

1～2日落ち込む
子もいるが
いなく
なっちゃった

アミは
最後の子が
いなくなると
わーい
のびのび～

ママっ
えっと
お散歩と
ボール
投げと
鬼ごっこ
しましょう

平和な
日々に
戻った

犬と暮らす理由

ではなぜ
人は犬を飼うのか

足が悪いらしく
歩みは
ゆっくりだ
ダックスは
お爺さんを
見上げながら
歩調を合わせて歩く
犬は
飼い主の帰りが
どんなに遅くても
ドキ
ドキ
どうしてるかな
ひたすら
待つ
顔
真剣！
ママの
足音だよね
アミっ
ただいま
〜〜!!
アミっ
会いたか
ったよ〜
30分の
不在でも
毎回感動の
再会だ
ママっ
私も〜
私の入浴時は
寒い脱衣所で
待つので、
今年の
冬は
リビングで
待ってて
寒いから
風呂場に来させない
ようにしてみた
パタン

きゅー
きゅー
きゅー
あなたが出てくるまで
泣きどおしよ
きゃー
きゃーってば
いいめいわく
寒くても私のそばがいいのね
ほろ
ママ〜

そう、犬と暮らす最大の喜びは、かけひきも見返りもなしに
愛してます
無私の愛情を受けられることだろう
大好きです
命です
太っているとか貧乏だとか年寄りだとか口ベタだとか
そんなことを犬は気にしない
比べない批評しない
ただ愛するのみ

あっごめん
人間の過失にも
きゃん!!

何すんのよ
えっ私じゃないけど

最初私は
笑っていた
他の子が
やったと
思ってるよ
ぷっ

なんせ
数が
多いので
頻繁に
踏む
うそ
くわばら
くわばら
何よ

ある時
気付いた
見てる
あっ
踏んだ

痛いじゃ
ないっ
ちきしょー

カン違いじゃ
ないんだ
人間には
怒れないから
八つ当たり
なんだ

当たり前
だよ
ママに
怒れる訳
ないじゃん
犬は
どこまでも
けなげだ

今日もまた
感動の再会
はつづく
アミ～
ただいま
だから
まず親に
挨拶しな
さいって

初めての川遊び

アミ2歳の初夏。レナちゃんちからお誘いが
犬連れで河原でバーベキュー？素敵!!
何です？

友人6人犬3頭奥多摩に行くことになった
自然の中で犬とたわむれるって夢だったんだよね～
私のボール…

現地近くで食材を調達して
ワンコ達のトイレ済んだか～
多摩ショッ

ここはちょっとした穴場なんだよ
犬を放して遊ばせられるよ
わ～山だ川だ～

お〜っ
支度する間
犬を遊ばせ
なよ

全員
ノーリードは
初体験
どうする？
山で雷とか
もし
鳴ったら？

雷は鳴る前に
教えてあげるし
周りは川か、
犬も登れない
崖に囲まれてて
大丈夫だよ
この人
山に詳しい
※エピソードは
特殊な環境下で
す。ノーリード
は危険なので
やめましょう

で、
おそるおそる
やってみたが
なんのことは
ない

全員、それぞれの
飼い主から
片時も離れなかった
リードついて
るみたい

それにしても
水！

小さな自然にも
目を輝かし
喜びを表現する犬達から
教わるのだ
「生きることを楽しもう!!」と

びっしょり…
ママっ
取りま
したっ!!

よっぽど
その遊びが
気に入った
らしく
アミは
飽きずに
水中の石を
拾い続けた

河原に石は
沢山あるのに
面白いなぁ

わざわざ
水の中の石を
取る達成感で
遊ぶわけだから
ゲームに難易度を
つけたルール
(水の中の石だけ
取る)を
設定する知能が
あるって
ことだよね

石を取るには
目を開けて
口もあけて、
水を飲まないよう
息を吐きながら
くわえなければならない
スイミングに
通ってもいないのに

とにかく
犬達は心配
なくて
良かったよ
飼い主から
1m以上
離れなかった
もんね

帰りの
車中
いない
みたいに
静かだな
気絶

春のにおい

春、
犬達は嬉しそうだ
熱心に
匂いを嗅ぐ

人間の
嗅細胞は
５００万個位
なのに対して、
犬は２億５０００万
以上
早くっ
てば
ん～
もう少し
だけ

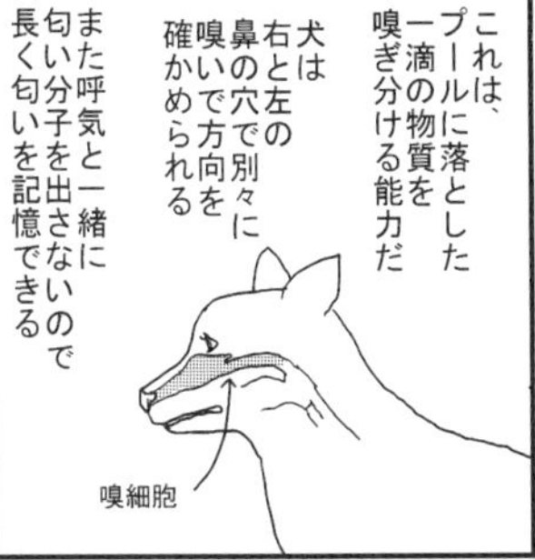
これは、
プールに落とした
一滴の物質を
嗅ぎ分ける能力だ
犬は
右と左の
鼻の穴で別々に
嗅いで方向を
確かめられる
また呼気と一緒に
匂い分子を出さないので
長く匂いを記憶できる
嗅細胞

以前テレビで
竹馬に乗って逃げる
犯人役を警察犬が追う
企画があった
足が地面に
ついていなくても
犬は犯人を発見した

人は皮膚から絶えず
老廃物を放散していて

それが
地面に落ちた
匂いを
犬はたどれるという

さらに
犬は混ざり合ったものを
全てバラバラに
嗅ぎ取ることも
出来るらしい
えっと
これはバナナと
りんごと人参…

そんな
想像もつかない
匂いの世界に
住む犬にとって
春の野原は
どんな
パラダイス
だろう

新芽の
匂い、
土の匂い、
動き始めた
虫や小動物の
匂い

アミは石やボールを
わざと草のある
場所に運び
周りの草を
むしる

何？
草が邪魔で
ボールが
取れない？

何するんですか
いいとこだったのに
なんだ取れるじゃん
ぱっ

全くもう
やり直し
ポト

よっ
ブチッ

えいっ根っこも抜いちゃえ
ズボッ

なんかわかった

私で言えば推理小説を読みながらビールを飲むとか
つめ

お気に入りの音楽を聴きながらお風呂に入るとか

二つの楽しいことを同時にやってる至福の時間てことだ
楽しい？
ボールと草の匂い
他にも

匂いと言えば
個体識別の
フェロモン
ポチ子
だな
足の裏は
犬だけじゃなく
人も沢山分泌している
たんてい
ポチ未
靴を
いたずら
する犬は
多い
サイコー
です
動物の革に
パパの匂いの
ついたやつ

最高の
宝物だろう
こらーっ
また
やったな
飼い主の
室内履きを
枕にする
犬も
おっママの
スリッパ

アロマ入り
枕って、人間
も使ってる
よね
熟睡できる
んでしょ
あれと同じ

あ〜
安心
ママ
ママ
ママ
…ってことか？

親バカ最強！

犬好きには
二通りあると思う
グーッド
良い子ね
まっとうなタイプと

最強の親バカ
フェチ
秋葉系犬オタク
それが
何か？
つまりワタシ

ただいま
〜〜!!
アミ〜
においい
嗅がせて
親バカ最強クラブの
入会条件

足の裏の匂いで
癒される

耳の匂いも
捨てがたい

んー安らぐ
しょーがないなあ

最強の親バカは我が子が特別だと思っている
うわーアミ子ったら
？

鼻の穴が縦長だ！

他の子は丸い穴が多いのに

何て可愛い穴の形だろう
ガイジンさんみたい
アホらし

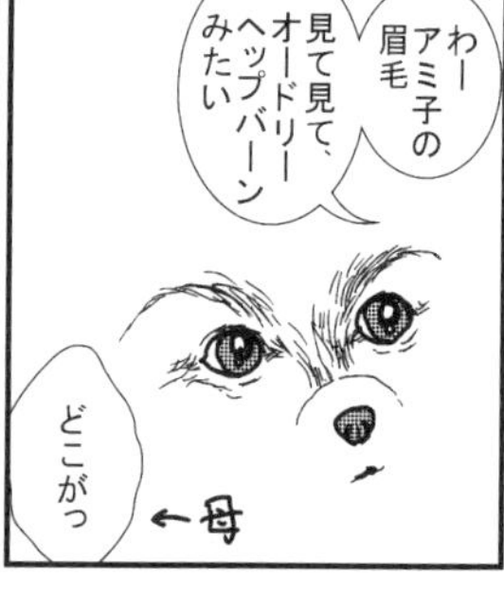
わーアミ子の眉毛
見て見て、オードリーヘップバーンみたい
どこがっ
←母

わーベロがハート形何て可愛いの
ここ

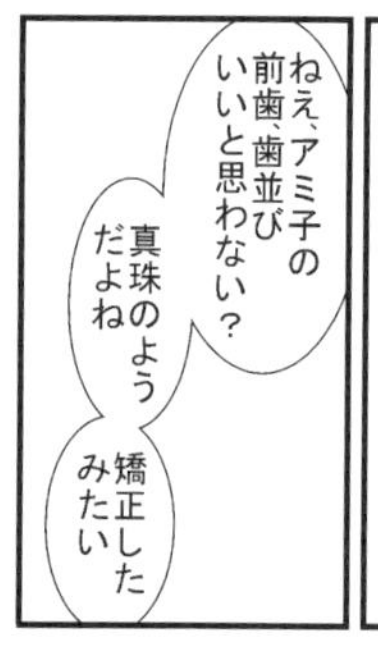
ねえ、アミ子の前歯、歯並びいいと思わない？
真珠のようだよね
矯正したみたい

アミったら
女優さん
みたい
何となく
うざい
だからただの
犬だってば

あらーっ
アミ子!!
はい?

……
じーー…

?

どうして
今日も
そんなに
可愛いの

やっぱり
かなり
うざいかも

うちの子を2頭
(1頭はアミの子)
飼って
くれてる
Mさんが
アミちゃん
ってナントカって
モデルに似てると
思いません?

まともに
相手に
しないで
いいですよ
うちのは
ちょっと
おかし
いんで
ダンナ

えーっ やだーっ
アミって そんなに きれい??
くね
ほらほら このシャンプーのCMですよ
ああ、これねぇ
ダメだ ここにも おかしいのが ひとり

ほらっ、この髪の毛のたれ具合なんか

アミ

ほんとだ～ そっくり～!!
ねーっ

そういうMさん 人の犬まで 人間に見える んだから
最強クラブ員 決定～っ!!
!!

犬語を学ぶ

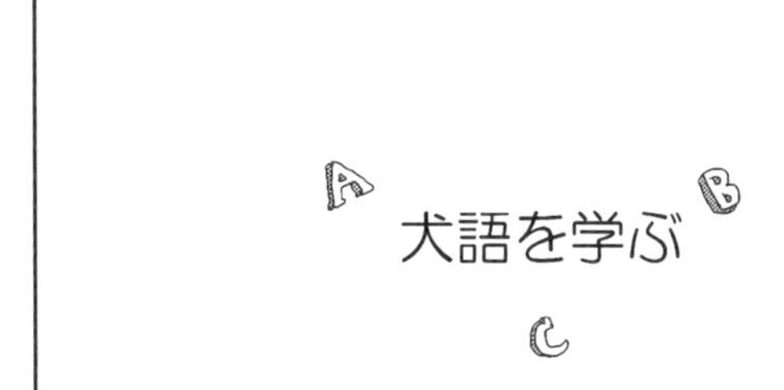
A
B
C

おやつを食べて寝る前アミが決まってやる儀式
うーっ
じゅうたんで顔を拭く

ぐるぐるぐーっ
うなりながら背中もこする

あえて訳すなら
満足です
とか
のびのびしてます
という犬語だと思う

犬語には「尻尾を振る」や「牙をむく」などの解りやすいサインもあるが、
口の端を引いてるのは笑い顔
見逃しそうなもの、誤解しやすいものもある

たとえば
片手をあげるのも犬語
「少し不安
です」
または
飼い主にやるときは
「ママ、どうします？
私は従うつもりですが」
ワタシのいつものポーズ

誤解しやすい
「あくび」
もちろん
眠い時もあるが

相手を
なだめる時に
つかうサイン
でもある
何よ！
怒ってるのに
ふあ〜

人があくびをすると
飛んでくる子が
いるのも
大丈夫
心配ないよ
ふあ〜

と励ましに
来ているのだ

こんな風に
なだめる言語を
「カーミングシグナル」と言って
無用な争いを避けるため
実はたくさんの
バリエーションが
存在する
しゃべれない分
ボディランゲージ
なんだよ、
見逃さないでね

怒られた時
①目をそらす
または
②目をシバシバさせる

③体を掻く

④周囲の匂いを
嗅いでみる
なんてのも
カーミング
シグナルだ
しん
しん

そんなゆる〜い
行動を取るって
ことは
たてつく気は
ないのでどうか
気を静めてって
言いたいの
だがしかし

なんでそんな
態度取るの!!
反省してない
理解されないと
努力は
むなしい
もう少し
勉強して
欲しいなぁ

そして
「ため息」にも
ふたつの意味がある
おやつは
おしまいよ
アミ子

わかりました
あきらめます
という
意味と
ふ〜っ

アミ子おいで
「よしよし」
しよう

「よしよし」は
寝る前の日課

お耳
おてて
全身のマッサージだ

しっぽ
特に尻尾の
つけねは
すごく気持ち
いいらしい

だよね、
自分じゃ
届かない
所だもんね
きゃーっ
そこそこ

ママ、眠く
なりました
おやすみ
なさい
ありがと

そう、
満ち足りた時の
ため息だ
ふーっ

できれば
「満足のため息」を
この子の人生で
たくさんつかせて
あげたいと思う

タイニー

アミが産まれた時
一緒に遊んでくれ、
守ってくれ、
アミの二度目の出産の
パパになって
くれたタイニー

3歳の時
近所の
ご夫婦の
子になって
可愛がり
ます
我が子のように
大事にしてもらった

どこへ行くにも
連れて行ってもらい、
お手製の洋服を
作ってもらい、
事あるごとに
タイニーは
うちの
王子ですから
と言ってもらい
ボク
そうです
から

やがてご夫婦に
赤ちゃんが
産まれて、
やきもちを
焼くかと
心配したが
彼は第二王子を
しっかり守る
兄に変身した

片時も
そばを離れず
何をされても
怒らず

外では
弟に近づく者には
うなりまくった

数年前
タイニーは
ガンを患い、
ご夫婦は
手術、それに伴う
抗ガン剤治療を選択し
幾度も襲った
危機を
乗り越えた
よく
買い物中に
会って
良かったねー
頑張ったかい
あったね
よろこび
あった

今年3月の終わり
電話がかかってきた
うん…
うん…
わかった
待ってるわ

タイニーのママ、
今病院からだって
泣いてた
寄るって

全身に
ガンが転移して
手のほどこしようが
ないって
早くて2週間だって

突然すみません
タイニーが歩けるうちに好きだった所や人に会わせたくて
覚悟はしてたつもりなんです
でも2週間だなんて

早くて、でしょ
お医者様は心の準備をさせようと短めに言ってるかも
そう、そうですよね
そう思いたい

そう言って帰って行った1週間後
亡くなったって
替わるわ

私は言葉が続かなかった
うん、
うん…

全ての痛み止めが効かなくなり
あまりに苦しんで
安楽死を選択する以外なかったのだそうだ
タイニーの使ってたもの引き取るの
見るとつらいし捨てられないし、分かる、その気持ち

タイニーがお骨になったあと
ご家族で荷物を運んできた
ケージ
キャリーバッグ
クッション
タオル
洋服・レインコート
なんてたくさん
本当に可愛がられてたね
早く死なせてしまって
そんな…
とんでもない…
おりしも…
たった今ナナが息を引き取ったのよ
15歳半老衰母に抱かれて静かな最後だった
よく頑張ったわねナナ
犬は死ぬとき目を閉じません
…タイニーは
ひとりで天国に行くんじゃないんですね
享年タイニー13歳ナナ15歳
いつかまた会おうね

ナナ

うちの初代パピヨン
レオとルネ夫婦を
母が頼まれて
引き取ってから
約25年

ナナは
その2頭の
最後の子供
だった
レオとルネの子供たち
ナナ
ライア
ファニー（アミのママ）

ナナは多産系で
子育ても
穏やかで上手だった
うちのパピヨンで5頭は最高記録よ！
すっごーい

数年前
心臓病と
診断されたが
良く生きて

おばあちゃん犬に
なっていった

今年に入って
固形物が飲み込めなくなり
ふやかしたエサを
手で食べさせていた

さらに
それも
食べられず
流動食に
少しずつ
入れないと
下痢するの

3月の終わり
とうとう
いらない
食べることを
拒否した
ぷい

食べなくなったら
あとが早いよね
旅立ちの
準備を
始めたの
かしら

家で
最期を看取った
祖母を
思いだした

母方の祖母は
4年前
100歳で
亡くなった
数日前
まで
トイレも食事も
ひとりで
出来ていたが

突然
体調を崩した
ご飯は
ケッコーです
って言うのよ

翌日歩けなくなり
高熱を出した
おばあ
ちゃん!

かかりつけ医に往診を頼んだ
これは・・・
良くないです

家で看取ることは決めていたので
この年では入院して検査をするのは負担です
ごもっとも

にわかにあわただしくなった
もしもし、おばさん？

食べなくなって三日目
おばあちゃん

祖母は高熱で少し苦しそうに見えた

大丈夫？
お腹はすかない？
ケッコーです

具合は？
いい塩梅（あんばい）です

ごはんも食べず熱も高いのに
そう言ったよ
ふうん・・・

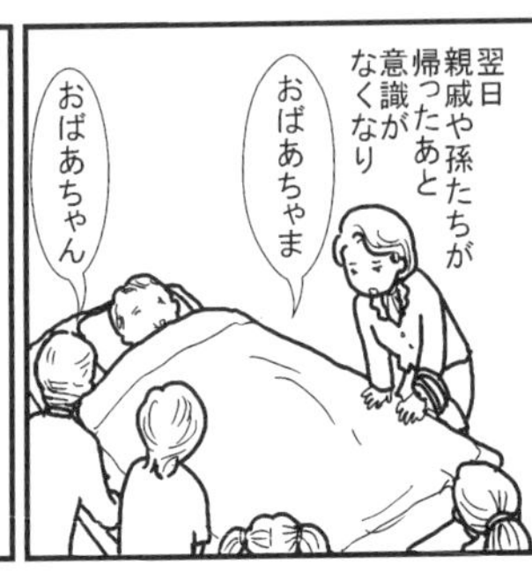
翌日
親戚や孫たちが
帰ったあと
意識が
なくなり
おばあちゃま
おばあちゃん

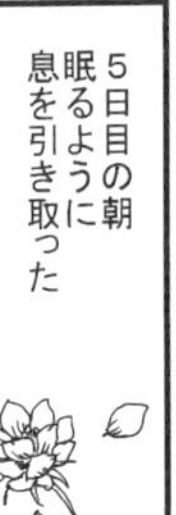
5日目の朝
眠るように
息を引き取った

ナナは7日間
ブドウ糖だけで
生き続け
わん
わん
最後に
母を呼んだ

抱き上げると
突然
ぱっちりと
目を開けて
母を見た
ナナ!

そして
ふ〜っ
ナナっ

4kg近くあった体重が
最後は
1.2kgまで
減っていた

祖母の言葉
「いい塩梅です」
を聞いて以来、
私の
死に対する
意識は少し変わった

死は
つらい、苦しいものではなく
窮屈な服を
脱ぎ去るようなもの
だろうか
いつか来る
アミの時も
自分自身の時も
どうか
安らかに
受け入れることが
できますように

頭が良くなる遊び

生後半年
近くになると
赤ちゃんは

いない
いない
「いないいないばあ」
でウケるようになる
ばあっ

これはまだ
顔は手の後ろに
隠れている
という認識が
ないため
きゃっ
きゃっ

「顔が突然出てきた」
のが面白いのだそうだ
つまり
見えなくても
後ろにある
って分かるのは
もう少し
知能が発達
してから
なんだね

犬も小さい頃から
疑問解決の
遊びを沢山すると
脳のシナプス
（神経の伝達部分）
が増えて
知能が高まるらしい
アミとやった遊び
犬の
「いないいないばあ」
紙コップ
おやつ
アミ
見てて
はいっ
消えたっ
確かに
ここに
あったのに
においかぐ
ちょっと
吠えてみる
出てこいっ
匂ってるぞ
でも触るのはこわい
ムリ
成犬に
なってからだと
あきらめることも…
そんな
ときは
ほら
あるよ
見せて励ます
えっ
勇気を
出して
押す

あーっ
とうとう倒せて発見！

見えなくてもなくなった訳ではないし
押すんじゃなくて倒せば取れる
少し利口になったダンジョン1クリア
そうか

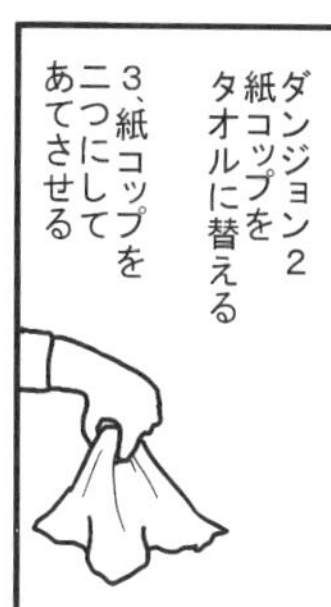
ダンジョン2
紙コップをタオルに替える
3、紙コップを二つにしてあてさせる

寝る前よくやったのは
見てて

ボールを布団の中に隠す遊び
スポッ

最初は布団の上から掘る
くっそ〜
ガリ
ガリ

そのうちもぐる事に気がつく
そうそう

あったっ!!

難易度を上げる
よしっ2枚目と3枚目のあいだ
ふとん
毛布
タオルケット
くっそ～ないっつ
へっへーそこじゃないよ～
そしてアミは進化した
見てて
ん？
ボールを見ずに
腕を見てた
腕を伝って同じところに入ればボールがあることを発見！
ここだっ
ズボッ
すごいかもアミ子
他にも犬の知能を上げるための知育おもちゃもある
中におやつを詰めてうまく転がさないと出て来ない
こんなのは投げれば全部出るんですよ
パッコーン
バンッ
バンッ
バンッ
知育じゃないじゃん
体育会系だよ

アミ子、しゃべる!

a i u e o

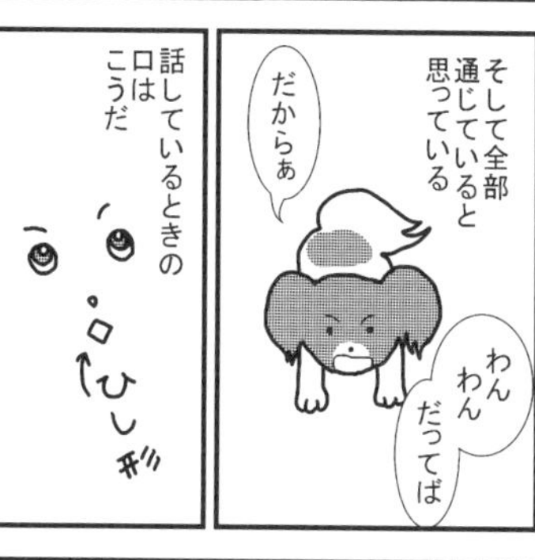

幼い頃
アミはおとなしかった
…
心配したくらい
吠えなかった

5歳くらいの
頃だったか
はずみで
うぉん
と言えた
あらっ
アミ子なあに

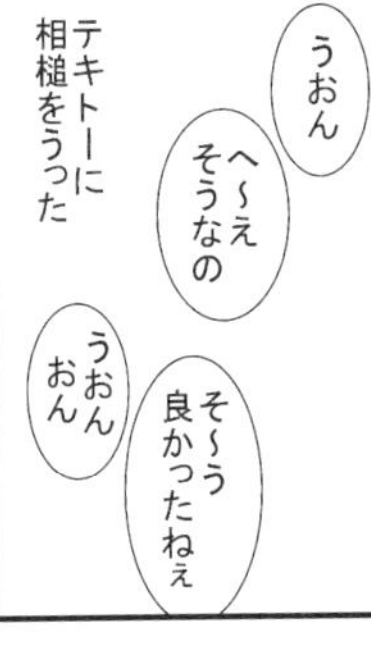
うおん
へ～え
そうなの
うおん
おん
そ～う
良かったねぇ
テキトーに
相槌をうった

うぉんおん
そうだよねぇ
ママもそう
思うよ

アミは思った
通じてる

パターンが増えた
うぉん
うぉん
2回鳴き
うぉん、うぉん
うぉん
3回鳴き
わわわん
うぉん
必殺リズム
鳴き

母に
「うるさい」と
言われそうなときは
口を閉じたまま
ぶぉう…
ギロ

そして最近
私たちの会話に
参加する
ように
なった
夕飯どうする？
うぉん
買い物
行って来る？
うぉん
じゃあついでに
卵も買ってきて
うぉん
うぉん
駅前の店で
いいの？
わわわん
うぉん
いちいち
割って
入るわね
しゃべってる
つもりだよね
うぉん
おん
うれしい
参加出来て
しかし
度が過ぎると
雨が降りそう
だから洗濯物を
うぉん
うぉん
うるさい
アミ子！
いいかげんに
しなさい!!
母に
怒られる
ん？
どした
アミ子

おこられちゃったの
うぉんうぉん
そっかー
おかしい・・・
なんでママには通じるのに
ボスママには怒られる時があるの？
がっかりさせるようで悪いけど
ママなぜです？
私も若干キミの言ってる事わからない時ある
うぉん
うぉんうぉん
おおおんうぉん
うーおん
ねぇ、本当に今の意味あるの？
ただ吠えてるだけじゃない？
・・・ママにも
がっかりする時あります
ちっ

二度目の出産

アミ2歳半
2回目の出産に
トライすることに
なった
理想の
出産年齢
だって
お相手は
若かりし頃の
タイニー

新しいおうちで
歓迎してくれた
わー
アミが来た
タイニー♡

何だか
一緒に
住んでた
時より
仲良い
みたい
よく来たね
会いたかったよ
タイニー、
あたしもよ♡

たまに
会う方が
ステキに
見えるん
じゃない？
人間と
一緒だ

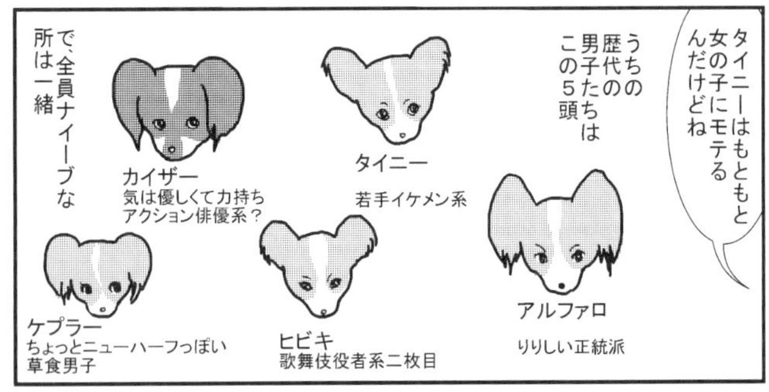
タイニーはもともと女の子にモテるんだけどね
うちの歴代の男子たちはこの5頭
タイニー
若手イケメン系
アルファロ
りりしい正統派
カイザー
気は優しくて力持ち
アクション俳優系？
ヒビキ
歌舞伎役者系二枚目
ケプラー
ちょっとニューハーフっぽい
草食男子
で、全員ナイーブな所は一緒

その後お腹の子は順調に育ち出産予定日を迎えたが
来ないわねぇ陣痛
連れてっちゃおうか
座り方だらしない
用事のあった私たちは車ででかけた
置いてく訳に行かないし
振動で産気づくかも
んなムチャな

果たして帰りがけ
あっ始まりそう
急いで帰ったが例のごとく
ひーっひーっ
ママーっ
ダメじゃん前回と一緒

あれっ
痛く
なくなった

疲れたので
寝さして
もらいます

3時間も
経つのに…
いったい
どうしたの
おろおろ
いらいら

そして
ギャーッ
やっぱり
痛いっ

第一子
女の子
大きいわ
出にくか
ったのね
それか
2回目だと認識早い

ところがそのまま
ふー
疲れた
お産中断
寝よ
うまれたし

お腹には
あと2頭いるのに
アミは産む気を
なくしてしまった
陣痛微弱？

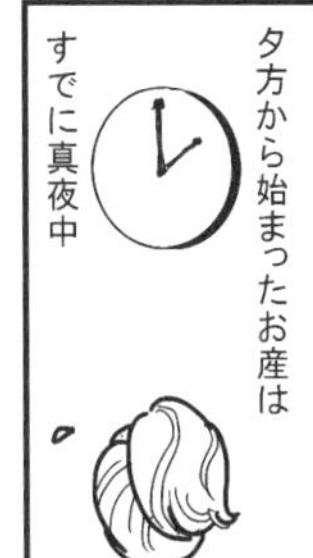
夕方から始まったお産は
すでに真夜中

そんな時
悩むのは、
リスク覚悟で
自然分娩を
通すか、
帝王切開に
切り替えるか
すました
顔して
寝てるわね
どうしよう
…
熱も出てる
39℃だ
出産が始まると
体温が下がるので
39℃は高い
これは
フツーじゃ
ないね
H病院に
電話しよう
よろしく
お願いします
当直の先生に
状況を説明し
朝一番の
手術を
お願いした
わかりました
I医師に
伝えます
その夜は
眠れなかった
お腹の子
全然動かない
全滅して
ませんように
時間の経つのが
遅かった
朝9時
病院到着
すわ!!
赤ちゃんも一緒
み～
み～
準備出来たら
呼びますので
手術室に
来て下さい
ブリーダーは
平たく言えば
お産婆さん
だ
はいっ
手伝いますっ

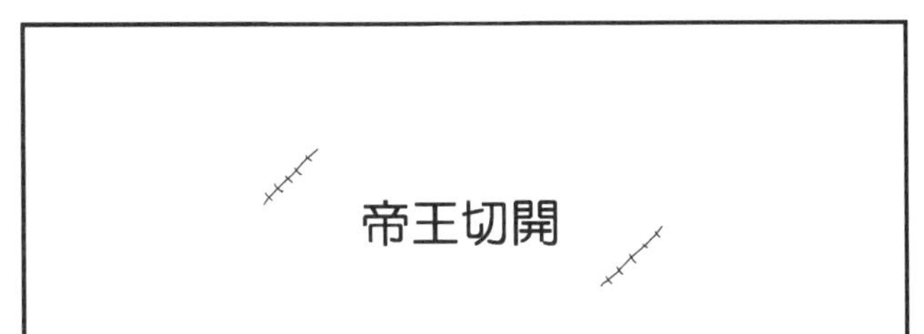
帝王切開

30分経って呼ばれた
手術室にお入り下さい
手術室
ここだ
手術台にはお腹の毛を剃られたアミが
始めます
ピッ
ピッ
ピクッ
ちょんぎ
麻酔が少し浅い
もう少しだけ入れて
はい
普通の手術と違ってギリギリの浅い麻酔と早い手術が命なのよ

親に効いて胎児に効かないのが理想で
浅い麻酔をかけ、なおかつ胎児に麻酔が届く前に取りだす
効きすぎれば胎児を死なせることもあるからだ
効いてる
効いてない

私はと言うと…
おーっ切ってるおーっ開いた
アミだと思うとドキドキするから別の犬だと思うようにしよ

はい、1頭目
はいっ
ジャ
2頭目出ますよ〜
はいはい

中々泣かないなぁぐったりしてる
ごしごし
どう？
まだ泣かない
ジャー
先生、羊水飲んでいるみたいで
…
あ、見せて下さい

先生は細い電動のチューブを入れいとも簡単に水を抜いた
ズズ…ズー…

すごい欲しいねあれ
うん欲しい
私たちは直接口をつけて吸い出している

泣いたっ
み〜

会計もせずに家に戻ったが

当然アミはすぐに母乳を出さなければならないので、痛み止めも抗生物質も飲めない

そして当然子犬たちは勢いよくお乳を吸う
傷口触ってるよ…
ちゅー
ちゅー

あの神経質で大げさなアミが無言だ
…

アミ痛くないの？んな訳ないよね
けなげだなぁ

数年後
アミが避妊手術をした時のことだが
痛いんだってば
来ないで！触らないで！

世界中の不幸を一身に背負った顔で一日中丸くなり

1m歩くのに何秒かかってるの
そろ〜〜り
そろ〜〜り

なんか大げさなんだよね
野生ならとっくにやられてるよ
野生じゃないもん私のことはほっといて下さい

うーっ
だからこの光景は涙ぐましい

母性ってすごいんだなぁ

しかし次の日には
治ったも〜ん
スタ
スタ

2日も経てばこんな感じ
これが犬の強さだね

お留守番

家族で韓国旅行しよう
と、弟が言った
HAWAII
あの…
犬は…
犬のホテル代は僕が出す
じゃなきゃいつまでも家族で旅行出来ないでしょ!!
きっぱり
その気になった
そうまで言ってくれるなら…
だけどホテル代ってさ、3日×頭数分…う〜ん
いちかばちか
頼んでみよう!
いいですよ〜
2泊3日泊り込みバイトね
Mさん

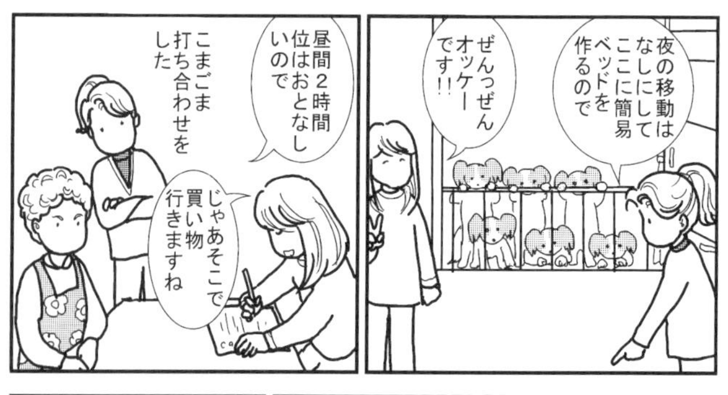
夜の移動はなしにしてここに簡易ベッドを作るので
ぜんっぜんオッケーです!!
昼間2時間位はおとなしいので
こまごま打ち合わせをした
じゃあそこで買い物行きますね

気がかりはあんただわ
何か隠しごとしてるでしょ
アミ子はしゃべる、と以前書いたが
わんわん
私がいる時だけの話で
私が不在の時は、母の前では一声も出さないらしい

ただいま~アミ子どうしてた?
ママッ!!
わんわん
一日中こもっていないも同然だったわよ
アミ子っちは特別扱いします
まかせて♥
めったにないんだから楽しんできて下さい
何と奇特な
ありがたや

こんこんと
言い聞かせ

後ろ髪を
数本引かれながら
出発した
こうなったら
楽しもう
そーよっ

弟家族と
観光を
満喫し、
おおいに
楽しんだが

部屋に
戻ると
やっぱり
気になる
どうして
るかしら
電話
してみよう

もしもし～
みんないい子
ですよ～

みな
優しいMさんに
べったりだ
そうだ
アミちゃん
だけは
小屋から
出てきませ
んけど

ママが
いない時は
寝ます
スイッチ
切ります
ほっといて
下さい

次の日
おっ
Mさんから
メール

添付されていたのは
見たこともないおブスなアミの写真
本文:
ママがいないから
私やる気ないわ
耳立てる気もない
目をあけるのもおっくう
きゃははは
こんなひどい
顔初めて
毛までボサボサ
って、どうしたら
ここまでやる気
なくせるんだろ

改めて思った
かわいすぎる
保存しよ

この子より
先に死ねない
健康に気をつけて
何があっても
この子を
看取らなければ
私が死んだら
毎日この顔を
するかと思うと
アミ～
もうすぐ
帰るよ～
そして…

ただいま
～～!!
ママっ
ママっ
ママーっ
ようやく
声聞いた
わかった
積もる話は
ゆっくり聞くよ
わん
わん
うおん
うおん
ひとしきり
おしゃべりの
止まらぬ
アミ子だった

好物

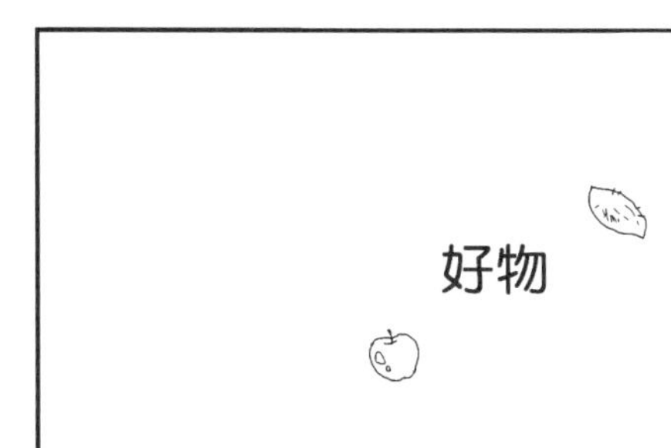

アミは2階にいても
トントントントン
はっあれはキャベツを刻む音
いつの間に
2階にいたんじゃないの？
これぽーてーしょんだよ
大好物その1
キャベツ

ほーれ
池のコイ形式

ぼやぼやしてると食いっぱぐれる
アミは特に早い
負けないわよっ
毎日訓練してるもん

量に余裕がある時床を汚さない物の時は
レクリエーションもかねてばらまくが
数に限りがある時は全員に行きわたるように順番にあげる
お名前呼んだ子！
はいっ
整列!!

あげ忘れないように
年齢上から順、たまに下から順
メリー！
クー！
犬はなんとなく呼ばれる順番がわかるようで
たいていこの子の次に呼ばれるよね
このあとに並ぼう

特に争いの過激になる好物
カボチャりんごさつまいも…
甘みがある野菜・果物が好きなんだと思う
ピラニアかワニの池みたい
と、光景を見た友人が言った

そして
夏の大好物決定版は
スイカ!!

スイカを
切った途端に
ザクッ

あっあの音
スイカだ!!
この匂い

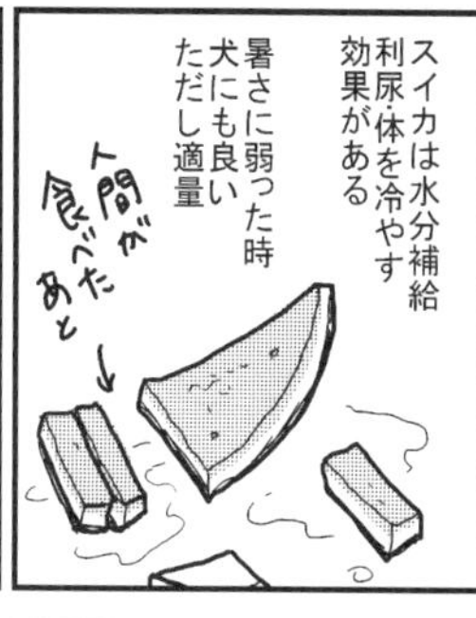
スイカは水分補給
利尿・体を冷やす
効果がある
暑さに弱った時
犬にも良い
ただし適量
人間が
食べたあと

ケチなんじゃ
ないよ
中心はカロリー
高いからね
お名前
呼んだ子
緑の皮ごとバリバリ
食べる

アミ子
わ～
スイカ
ですねっ
ある時
ちょっと
大きめを
あげた

ママっ
落ち着いて
食べたいので
向こうに
行かせて
下さい

よしっ

ひとり
別部屋で
かじること
5分近く…
シャリ
シャリ

おーっ
なんと薄い
皮だけ
きれいに
残してる

うすっぺら！
職人技だね

どうやって
食べたの？
もう一個
あげるから
見せてよ
おやすい
ご用
ですよ

前歯を使って
上手に上だけ
かんなのように
削っていく
ガリッ
ガリ
ネズミかっ
なんで
皮残すの

当たり前
ですよ
皮まで食べる
なんて
品がない
皮んとこは
固いです
からね

皮と果肉の
区別がつかない
なんて信じら
れませんね
皮まで食べてる
子たち
えっ
ポロ

心臓病のこと　その1

犬の死亡率は
人間と同じ、1位はがん
2位が心臓病だ

しかし、
小型犬に
かぎって言うと
心臓病に
かかる率は
もっと上がる

疲れる
のう…

心臓病と一口に言いますが、犬の場合、7歳を過ぎて発症した場合、75%は僧帽弁閉鎖不全症です

小型犬に限れば80%なので今回は右の病気について書きます

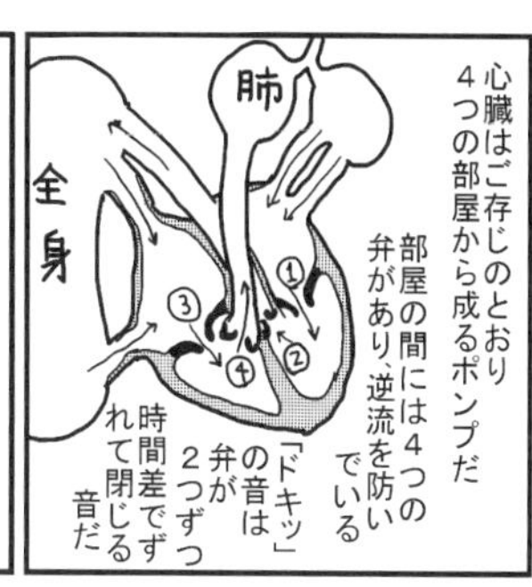

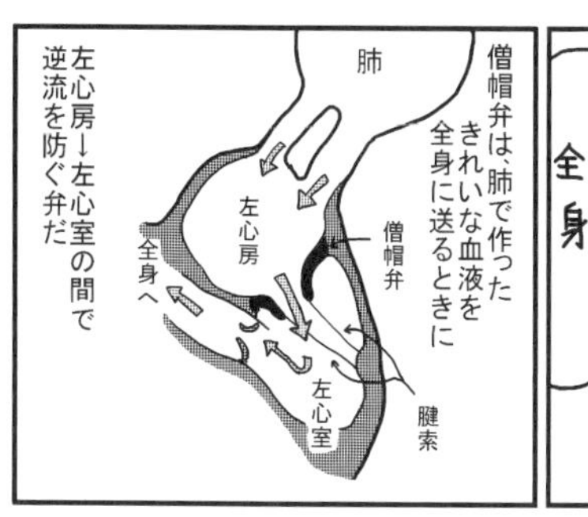

この弁が
老化とともに、
弁がもろくなるなどで
うまく閉じなくなる

すると肺で作った
きれいな血が逆流して
体に送り出せず
呼吸が苦しくなる。
これが僧帽弁閉鎖不全症だ

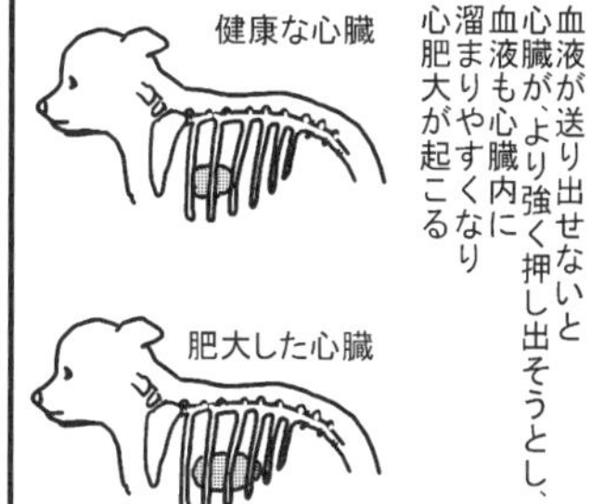

さらに症状がすすむと溜まった血液は肺にも逆流する

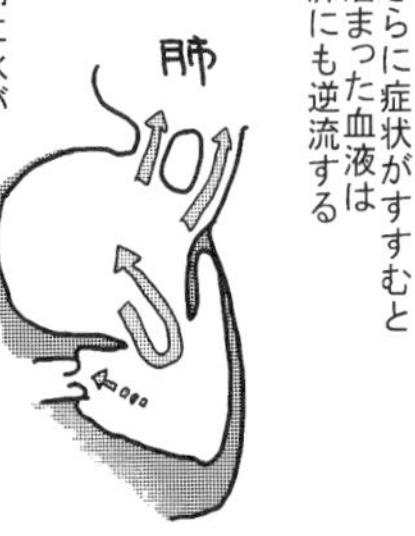

肺に水が溜まっていると言われ、レントゲンにも肺が白く映る

もっと進行すると胸やお腹にもしみ出し、「胸水」「腹水」と診断される

腹水は色々な病気で現れるので「太った」と勘違いしないこと

一刻の猶予もない

心臓病は発症・進行共に非常に個体差が大きい

特に初期は無症状なので定期的に健康診断を受けるのが望ましい

まれに発症が早い子もいるが

普通はシニア年齢の7歳を過ぎたら血液検査と聴診をしてもらおう

診断は6段階または4段階にわけ、ステージ1は初期で無症状

普通は経過観察になることが多い

初期は禁止事項はないけど

太らせない、減塩、は大事だって

次回は具体的な症状と治療について

心臓病のこと その2

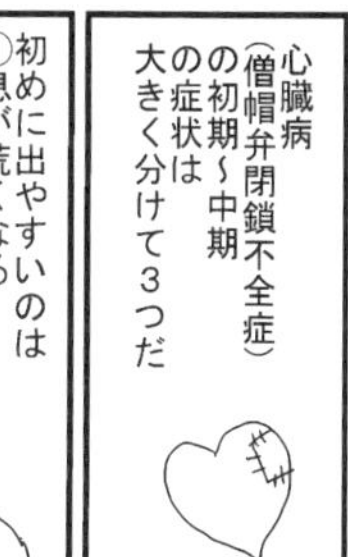
心臓病
（僧帽弁閉鎖不全症）
の初期〜中期
の症状は
大きく分けて３つだ

初めに出やすいのは
①息が荒くなる
こんなに
暑がりだっ
たかしら
少しの暑さや
ハッ
ハッ

散歩、運動中
シニアに
なって
毛の量が
増えた
せい？
ハッ
ハッ

遊んで興奮した時、
去年より
息が荒い
ような・・・
7歳過ぎて
なんとなく
そう思ったら
ハッ
ハッ

診察を受けよう
初期は症状が
わかりにくいので
気をつける
心拍数も
計ってみよう
犬の正常な脈拍は
毎分70〜120くらいだ

②疲れやすい
寝ている時間が増え、散歩のあとなど「べったり」と横になる

散歩の途中で立ち止まったり歩きたくないそぶりを見せることもある
…
何してんのはやくっ

③咳をする
遊んでいる時や興奮した時、また夜中から朝にかけて出る咳
どしたの？
かっ

何か飲み込んだのかしら
咳と言っても「ゴホン」ではなく、のどにつかえた魚の骨などを吐こうとするような「かっ」と言う咳だ

心拍数が急に上がった時や、気温が高↓低、低↓高など変動する時に出るのが特徴だ
かっ

もう少しステージが進み、病気が重くなると
④失神が現れてくる
崩れるように倒れたり、手足を硬直させ、バタバタさせる、など症状は色々だ

さらに進行すると
細動などの不整脈も
起こることがあるが、
それ以外の失神は
即、死につながる
ことはない
血流を
良くする
わけね
落ち着いて
心臓に近い所を
マッサージ
する
トントン
ハーッ

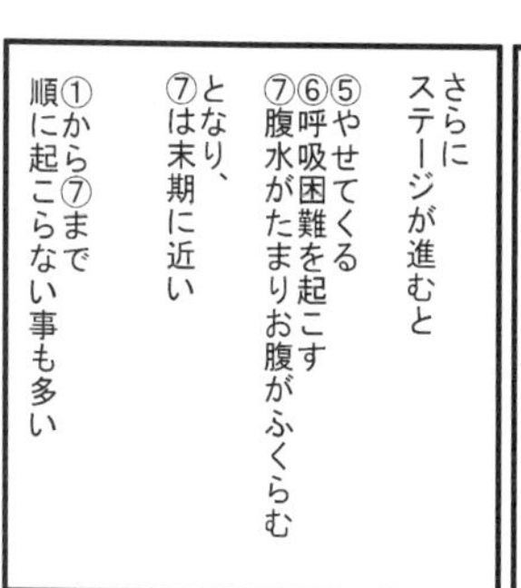
さらに
ステージが進むと
⑤やせてくる
⑥呼吸困難を起こす
⑦腹水がたまりお腹がふくらむ
となり、
⑦は末期に近い
①から⑦まで
順に起こらない事も多い

出来るだけ、
②、遅くても
③までには
治療を始めたい
あっ今
「かっ」て
言ったね
ちっくん
行こう
かっ

せんせ〜い
あーあ、
ちっくん
かぁ
うちでは「病院」を こう呼ぶ
治療は投薬中心、
ただし
薬で治る病気ではない
ドルチェちゃん

あくまでも
働きの悪くなった
心臓を助けて
少しでも長持ち
させるためのヘルプなので
気温差、
特に暑さ
に注意
お散歩は
減らして
遊びも
興奮しすぎ
ないように
太らせ
ない
日常の過ごし方がより大事だ
薬は初期なら
ACE阻害薬(心臓を休ませる)
もう少し進行したら
ニトロなどの血管拡張剤を
併用するなど
進行具合で
種類を組み合わせていく
ドルチェは
ACEと強心剤
の2種類

そしてとうとうアミも・・・
うーん
はっはっ

太ったのか
アンダーコートが増えたのか
はたまた地球温暖化か
分かっているはずの私でさえすぐには気付かず

認めたくない気持ちもあったかも知れないが・・・
12歳手前の頃
あっ！
かっ

今のは草にむせた？
冬なのにハアハアもしてるし

かっ
まただ

アミ子、ちっくん行こう!!
あーあ

うーん
先生はしばらく聴診器をあてていた

レントゲン撮ります！
ママっ
えーっ相当進んでる？

心臓病のこと その3

やっぱり少し進んでますね
心肥大が起きてます
先生はレントゲンの画像を指した

弁がうまく閉じずに血液が逆流してるという事です
お薬はじめましょう
は、はいっ
ひぇ～

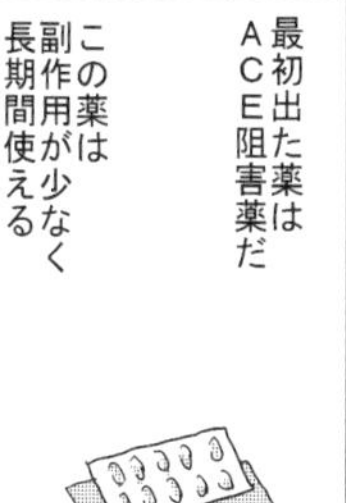
最初出た薬はACE阻害薬だ
この薬は副作用が少なく長期間使える

そっかーそっかーーーー
気をつけてたつもりでもうっかりしてたよ
帰り道は反省会

そういえば去年くらいから夜、布団から出ていくようになった
あれ
ハッハッ
ハッ
あっち～

ドライブ中も
息が荒く
なってたし
ハァ
ハァ

遊びを
早めにやめる
ことがあった
はっ
はっ

もう遊び
おしまい？
飽きっぽく
なったの？

つい私も
思っちゃった
よー
アミ
ごめん～
くるしいっす…

お薬仲間に
アミも
まざって
1日2回
イモやカボチャに
くるんで
飲み始めた
ケホ
おいも♡

数日で
効果があらわれ
はじめた
ママっ
お散歩
行きましょ

すごい
ハァハァ
言わなく
なった
効くもん
だなぁ
2ヶ月近くは
順調だったが…
♪

あたたかく
なり始めた
4月の明け方
ん？
アミが
いない

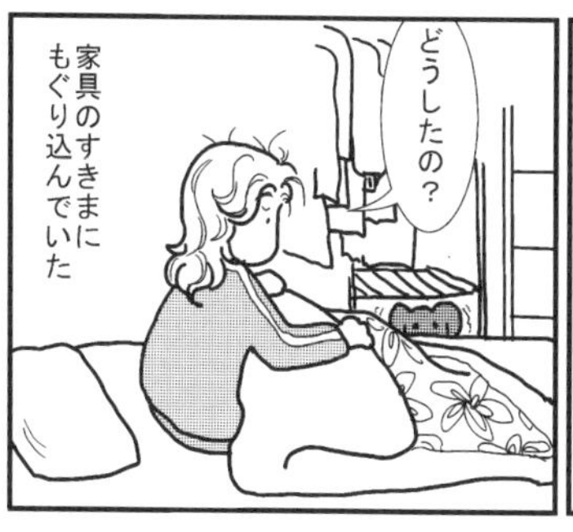
どうしたの？
家具のすきまに
もぐり込んでいた

ふるえ
てる・・・

その日は
30分くらいで
落ち着いて
寝始めた
何だった
んだろ

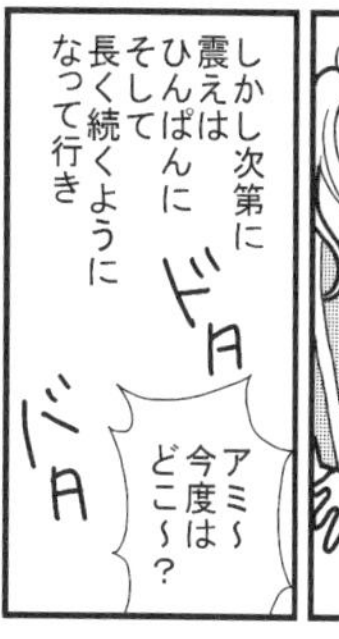
しかし次第に
震えは
ひんぱんに
そして
長く続くように
なって行き
アミ～
今度は
どこ～？

玄関の植木鉢の上など
予想もつかない場所で
震えているようになった
何で
そこに？

先生～
何が起こって
るんでしょう

う～ん
悪化してる
わけではは
ないですね

不整脈が起こっているのかも知れません
普通はもっと進んでから出る症状らしいが

発作が起こっている時じゃないと正確にはわからないですが
お薬を増やしてみましょう
次の段階の血管拡張剤が出た
これを1/4錠
それで効果がなければホルターをつけて心電図をとるか
わかりました

H動物
血管拡張剤は狭心症などの時人間が使う「ニトロ」のことだ
効くといいなぁ

効果はあらわれた
ここ数日隠れなくなった

しかし再び…
アミ〜出てらっしゃい!

ああ〜もう3時間経つのにおさまらない
薬が効かないのか、別の病気なのか、アミの発作は毎日起こるようになっていった

犬が苦しい時取る姿勢を「犬座姿勢」と言う
胸を床に付けられずおすわりのような体勢になる
突然死するのではと私は生きた心地がしなかった
はっ
はー!っ
はっ
はっはっ

心臓病のこと その4

愛犬が具合悪い時 飼い主は 何も 手に つかない
原因が はっきりしないと なおさらだ
母
飼い主が 気にしすぎも よくないわよ

苦しまぎれに なんでも やってみる
オーラを 送ろう
手当てって いうじゃん

少し 効いた? 手当て
ん?

だめか ぶり返した
ぜっぜっ
はっはーっ

あやして みたり
よーしよし
気のせい
はっはっ

気分転換に庭に出してみたり
だめだ ひどくなった
はっ
はっ
はっ

発作が治まるまでの数時間
私も具合悪くなりそう
あーっ どうしたらいいのっ

せんせい〜 効かないですぅ〜

走り回る？
うーん

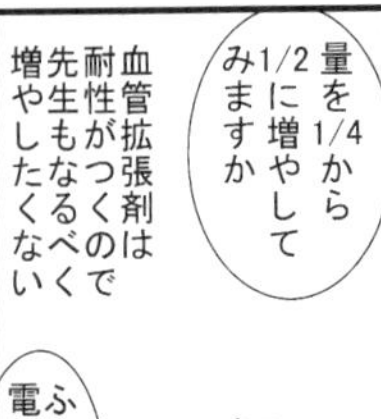
量を1/4から1/2に増やしてみますか
血管拡張剤は耐性がつくので先生もなるべく増やしたくない

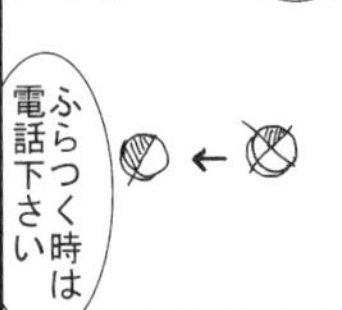
ふらつく時は電話下さい

先生、それでもしまた発作が起こったら足していいんでしょうか
緊急の場合1、2度ならいいですよ
人間と同じです

人間も発作が起こったらニトロをスプレーしたり錠剤を舌の下に入れますよね

これはその舌下錠ですから
苦しそうなら歯ぐきにつけて下さい

この成分は粘膜や皮膚からしか吸収せず
胃に入ると効果はなくなる
ここに置く

歯ぐきにつけてしばらく押さえるといいそうだ

わかりましたやってみます！

ちょっと待って…

そういえば薬をあげる時、
イモやカボチャにくるんであげてたっけ
おいもっ

あれ…もしかして
丸ごと胃に入ってた？

かえすがえす、ごめん！アミ子！
家に帰ってやり直してみよう！
おねがいします

そして次の日
来たねっ
ママ…
よしっ
アミ子
待って!

言われた通り
やった
アミっ
じっとして

少しすると
震えが小さく
なりはじめた
…

5分後
ん?

…
なおった?

つかれた…
寝よ
ふー っ

胸を床につけられれば
発作がおさまった
証拠
舌下錠が
効いたという事は、
この発作は
不整脈だと
いうことだ
光が見えた
瞬間だった
zzz

心臓病のこと まとめ

犬が震える原因は「恐怖」「寒さ」のほか「痛み」だ

腰痛・腹痛でも震えるしアミの場合恐怖でも震えるかもしれない

原因が分からないことが一番不安だった

ママっ
始まった
みたいです

そのよう
だわね
それにしても
何でそんな
所にのぼる
んだろう
う～っ
座布団の山

はいっ
お薬。
じっとして

5分後
るんるん
ママっ
何かおやつ
あります？
とこ
とこ

すごい
すごい
やった!!

遊びや
散歩は
短めにし
はーい、
おしまい
はやいな

車に乗せる
時は
エアコンを効かせ
呼吸が荒く
ならないように
注意する
びゅー
病気でも
楽しみを
減らしたく
ないもんね

そして
アミは学んだ
お薬の
時間よ
おくすり!!

舌なめずり
して
座る

これこれ
これの
おかげで
すっきり
するんだ
よね～
ポリ

先生、
調子良いです
お薬
好きみたいで
2種類とも?

ACE阻害薬は
犬用にフレーバーが
ついてて、飲めると
思いますが
もう一つは
人間用です
からねぇ
たまにそういう
変わった子も
いるんですよね

へえー
人間用
なんだ
どんな味
なんだろう

ひゃー
すごい
刺激!
ペロ

えーーーっ
これをアミ子は
舌なめずりして
飲んでるの
ビリビリ

きゃー
それだけは
かんべんっ
他の子は
みんな
いやがるのに

やっぱりあれで
不整脈がおさまる
ってわかってる
のかしら
ココの
ちがい
だってば

最近は
あげ忘れると
催促するようになり
ママ
この辺が
ちょっと
苦しいので
お薬お願い
します
ちょい
ちょい

うそのように
元気になった
もう3ヶ月
発作起きて
ないね
ハアハアも
減ったし

ドルチェも
初めて倒れてから1年
薬はもう1段階
強くなったが
苦しいとき
あるけど
がんばって
ます
ふー
ふー

みなさま
ご心配おかけ
しました
秋になったら
ママがもう一度
レントゲン撮りに
連れてって
くれるって
経過はまた
報告しますね

発見！脳動脈瘤

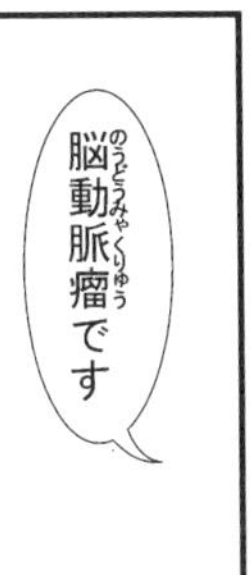

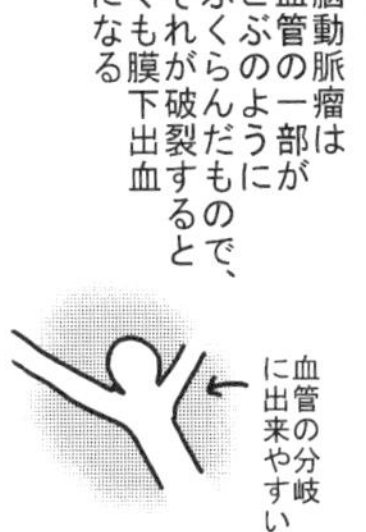

20人に一人が持っていると言われ、年間破裂率は1~2%で一生破裂しない人もいるが、破裂した時のリスクが高い

くも膜下出血の予後

30% 死亡
30% 社会復帰
40% 後遺症

紹介状書きます
すぐに行って
下さい

詳しいこと
が分からないし
無症状だから
ピンとこない
んだよね
今治療法も
進んでるって
いうし

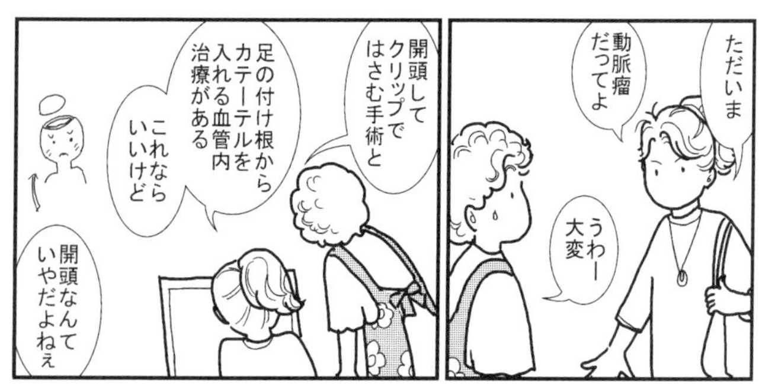
ただいま
動脈瘤
だってよ
うわー
大変
開頭して
クリップで
はさむ手術と
足の付け根から
カテーテルを
入れる血管内
治療がある
これなら
いいけど
開頭なんて
いやだよねぇ

そして専門の
大きな病院へ
脳神経外科の
部長は
かっこいい
女医さんだった
決めるのは
まだ早い
もう少し
詳しい検査を
してから
治療方針を
相談しましょう
カキャ
カキャ

検査室お入り下さーい

今度は私服のままだった

大きさと形のいびつさなどを考えると
開頭クリッピング術がいいと思います
血管内治療は勧めませんね
あのー頭は開けたくないんです
1年位考えてもいいでしょうか
仕事も休めないし
セ、セカンドオピニオン受けたいって言っていいんだろうか…
受ける権利があるのは知っていても切りだすのは勇気がいる
どうぞ!
何が一番ベストか人生観もそれぞれです。よく考えて
ただあなたのは比較的瘤の場所が浅いから
手術をするにしてもリスクは低い方です
念のため
あの…セカンドオピニオン受けてもいいでしょうか
おそるおそる…
もちろんです!
患者さんの利益になることが一番大切ですから
なんかあの先生いいなぁ
サッパリしていて頼れるかんじで
手術がこわくなくなって来た
人間とは不思議なもので私は手術をするほうにかたむきはじめていた

セカンドオピニオン

セカンドオピニオンは血管内治療専門の医師を訪ねた
このタイプは
見つかって非常にラッキーと言えるでしょう
破裂リスクが高いので経過観察は勧めません

またこのケースは開頭手術のリスク2%、血管内治療では3%です
私にもしこれがあったらですか？
開頭手術を選びますね
今の病院の見立てでいいと思います
わかりやすい
ありがとうございます

考えてみれば
私はくじ運悪い
宝くじはおろか
商店街の福引
だって当たった
ためしがない
手術の時だけ
2%に当たる
なんて
ありえないな
ということで、
やります！
わかりました

最短ですませ
たいんですよね
術前の検査を
外来でやれば
入院は8～10日
剃毛(頭の毛を
剃ること)も
しませんから
見た目も変わり
ませんよ
へーっびっくり！
頭あけて8日間で
出られるんですか？
毛も剃らない!?
なんか
簡単な
気がしてきた

そうと決まってから
慌ただしかった
役所で健康保険の
高額医療の申請
年金・保健
各種
保険会社に
連絡
送って下さった
書類の書き方が
あ、来て下さる？
この病名は
一字一句
正確に
う～ん

入院用品…
弾性ストッキングに
T字帯？
あれこれ
買い物…
○×薬局
退院後の
仕事の前倒し
運転免許
更新行って
おこう
アミ子の
心臓病の薬
入院中に
切れるぞ
マンガも
何話分か
書いとか
なきゃ
リマインダー
ふーっ
荷物も詰めて
ようやく
メドがついた
で
なんか
やな感じ
だよ
問題は
アンタなの
にもつ
つめてるでしょ
わん
わん
おしっこ
したいの？
わん
わん
おなか
すいた？
わん
ぎゃんっ
…
あっうんち
我慢できない？

はいっ
お便所
行こうっ
下痢してたわ
私には同じに
聞こえる
面倒見切れ
ないわよ
ふー

それに
何でみんなと
同じトイレで
しないのよ

私がいなけりゃ
あきらめて一階の
トイレ使うと
思うんだけど

母に対しては
要求せず
ひっそりと生活する
アミの姿が
なんとなく想像がつく

それにしても
8日間は
長いよねぇ~
ストレスで
心臓悪化
しないでね~

そして…

じゃあね
アミ子
お留守番
しててね
後ろ髪
ひかれる
なぁ
にもつ
大きいってば
耳下がってる

入院！

9月2日
手術前日午後
入院
病衣に着替えましょう

点滴の針を埋めるとその日はすることがない
夜12時から点滴始めますね

夕食を完食し朝まで熟睡した

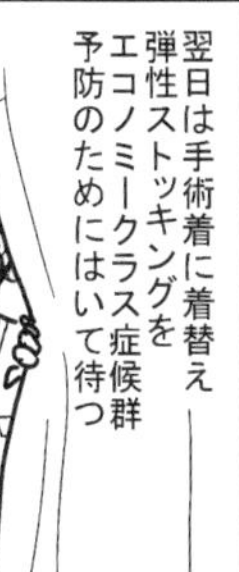
翌日は手術着に着替え弾性ストッキングをエコノミークラス症候群予防のためにはいて待つ
そろそろ行きましょうか

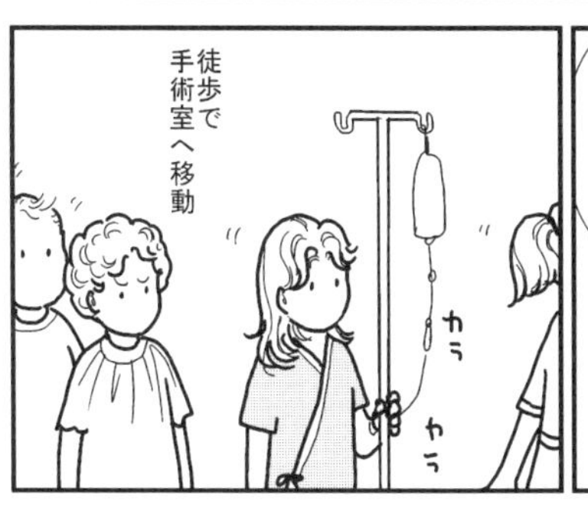
徒歩で手術室へ移動
カラ
カラ

手術室の前で先生が待っていた
予定は3時間ですが時間が長くなっても気にしないで下さいね
後々何もないように丁寧にやることが
一番大事ですから
了解です
OKです
ごもっとも
手術室のドアが開くと
ずらり…
おおっ
チームが整列して迎えてくれた
担当させて頂きます
は、どうぞよろしくお願いします
無影灯は
昔映画で見たのとは
全然違ってかっこいい
担当の麻酔医です
マスクつけますね
少しずつウトウトし始めますよ

本当だ、ウトウトして来ました
と言った直後の記憶がなく

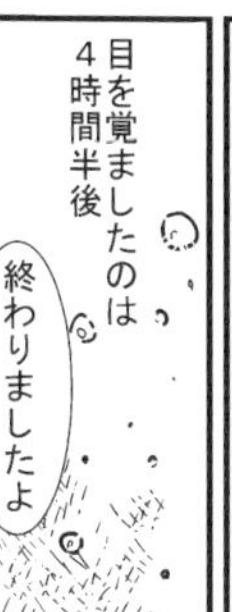
目を覚ましたのは4時間半後
終わりましたよ

うまく行きましたよ
集中治療室ICUの中だった

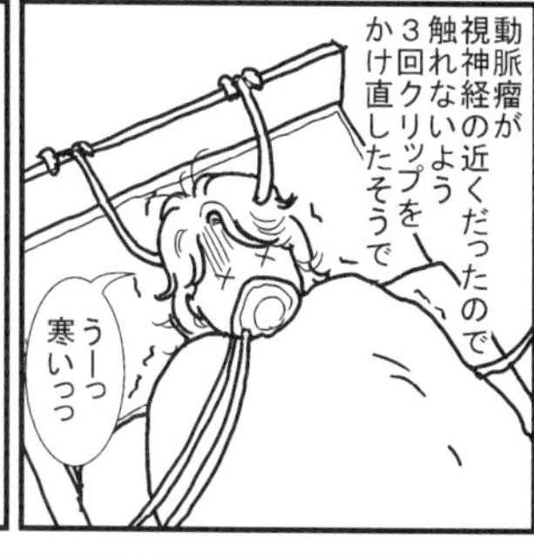
動脈瘤が視神経の近くだったので触れないよう3回クリップをかけ直したそうで
うーっ寒いっっ

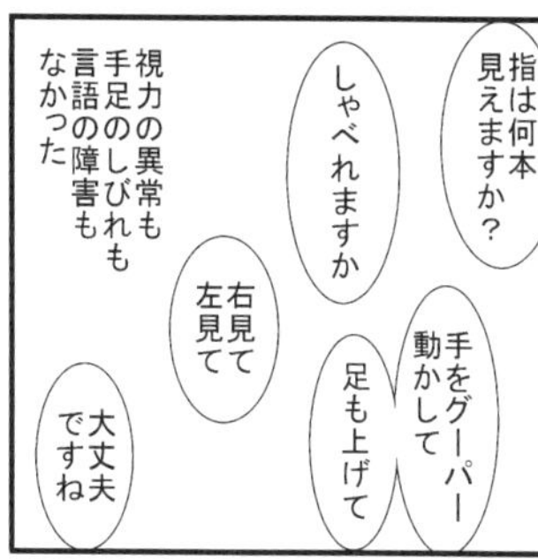
指は何本見えますか？
しゃべれますか
手をグーパー動かして
足も上げて
右見て左見て
大丈夫ですね
視力の異常も手足のしびれも言語の障害もなかった

一晩ICUで過ごしたあと一般病棟に移動するときのこと
車いすで行きましょうね

起き上がった途端想像を絶する頭痛が直撃した〜
えっ
ええーっ

ぐあ〜ん!!
何これーっ
聞いて
ないよ〜!

それはね
手術のために
脳髄液を抜いたこと
による頭痛で
髄液が再生するまで
数日かかるとのこと

いてて
横になると
楽だわ
この痛みと比べたら
今までの頭痛なんて
小鳥のさえずり
みたいなもんだな

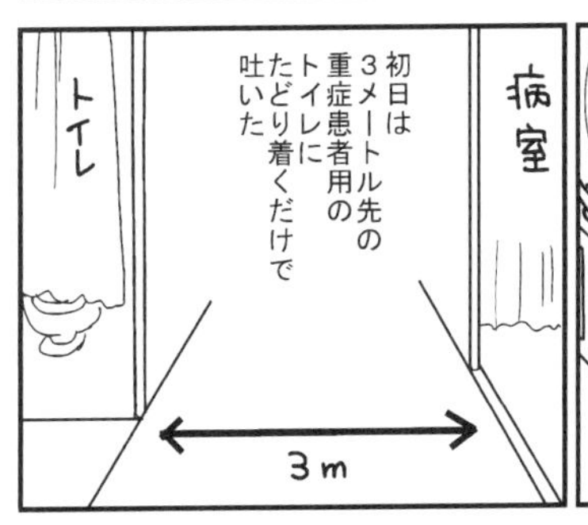
病室
初日は
3メートル先の
重症患者用の
トイレに
たどり着くだけで
吐いた
トイレ
3m

見た目は
大手術したように
見えないけど
頭あけた
んだもの
しばらくは
しょうが
ないわよ
1週間後の
抜糸まで
頭痛は
続いたが
明日退院
したいの?
いいよ
これ以上
アミを
待たせたく
ない一心で
9月11日
退院決定!!
抜糸してる
う〜っ

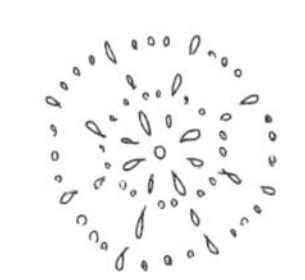

祝！生還

退院日の朝
精算をすませ
少々お待ち
下さい
くっそ〜
早く
せんかい

痛〜っ本当に
退院して
大丈夫かな
でもアミに
会いたい気持ち
が強すぎる

アミは
初日以外
私を待つしぐさは
しなかった
そうで
おとなし
かったわよ

数日は玄関で
待っていたが
後半は小屋に
こもりっきりで
長期不在
わかったみたい
だったわよ

顔が黒いせいで
小屋が空いてる
と思われ
ここ
入ろうっと
♪
←あんずの子

何すんのよ
来ないでよ
い、いたんだ
静かだったもんで
ご、ごめんなさい
その時は大声で怒ったけど
それ以外はいないも同然
私が呼んでもこもりきりだったわよ
…全く
そっかーやっぱりね
ただいま～
あっママっ
わ～っ
ママだーっ
お～アミ子
うぉん
おん
うん、ママもそう思うよ
うーわんっ
ほんと、そうだよね

荷物
整理しよ
うぉん
おん
タタタ

痛み止め
飲もう
トトト
おおおん
おん

ちょっと
横になろう
ママっ
私も乗るっ
うぉんっ

何よ、一気に
うるさく
なったわ
アミ子ったら
10日間あんなに
おとなしかった
のに

ママっ
おしっこっ
わん
わん

ママっ
おやつ！
うおん
おん、

その日1日
アミは
だだをこねる
子供のようになっていたが
ママっ
てばー

いなかったこともう忘れた顔してるわね
夜になって落ち着いてきた
そうなのかな…
そう言えばわたしも
退院するまでの頭痛がうそのように治まってる
マタンの おかげじゃ ない？

よし、買い出し行こう
いってらっしゃーい

平気な顔で見送ってた
やっぱりもう大丈夫と思ってるのよ

とにかく人間の回復力ってすごいし
医学の進歩で助かったし
アミ子ともお互い元気で再会できた

つくづく感謝の日々であります
ありがたいこっちゃ
アミ子、一緒に長生きしようねっ
おんっ

新入り

春先
ゆずの子供の
血統書を
登録しに行った

血統書を受け付ける
代理店は
たいていその地域の
ペットショップ
が兼ねる
今度の店
駅前で車
停めにくいの
じゃあさ

スーパーの
駐車場に
車を入れて
私が買い物を
する間に
店に行けば
P
SHOP
そうね
助かるわ
早かったね
終わったの
ねっ
ねっ
♪

生後５ヶ月になってるパピヨンがいてね
かわいいの
ふ〜ん
ねっ、帰りに寄って見てみる？
…何のために？
なんかね、うちの子たちと顔が似てるのよ
特にエメに
エメに？じゃあ見てみようか
ペット
店に行くとやけに愛想のいい女の子が…
ぴょん
ぴょん
ねっかわいいでしょ
たしかに
ちょっと小さいね
赤ちゃん産めるかしら
骨格はしっかりしてるわよ

食べさせれば
もう少し
大きくなるわよ
あいそ

買っちゃおうか
ええっ
こういうのは
出会いなのよ

本気？
子犬もまだ
いるのに
信じらんない

ぶっ
野菜や肉
と一緒に
犬を衝動買い
するなんて
ぶっ
ファンキー
すぎる

ということで
我が家に
すみれが
やってきた

天才的に
溶け込みの
うまい子で
いい子
じゃない
きゅーーと
かーわいー

次期リーダーの
天下取りの
野望を抱く
ゆずまでが
あらっ
養女にしたげる
礼儀をわきまえ
てるし

作法にかなった正しい従順姿勢
よろしくお願いします
とはいえ私の周りは混雑してて

結局寝るときだけ私の部屋に引き取ることになった
おやつ食べたらねんねよ
うれしくてふるえてる

気遣うんだよねすみちゃん食べるの遅いから
アミ
すみれ 小さめ

アミが先に食べ終わると文句言うので
ずるいまだ食べてる
ママっすみに大きいやつをあげたんじゃないの？

リズムをつかむにはまだかかりそうだ
それともあたしがどこかに落としたのかしら

おねだり　その1

飼い主がつい
甘やかしたくなる
犬のおねだり技
についての巻
じ……
みつめる
だけでも
おねだり？

アミのおねだり
その①
椅子に座って
いる時
そっとひざをかく
すみませんが
と控えめなしぐさで
いすにのっけて
ください
の意味

椅子に
寝そべって
ウトウトしたり
下を通る子を
威嚇したりしている

その②
世界的に有名な
「ちんちん」
普段は
「おすわり」だが
とっておきの時
登場する
ちょっと
ぐらぐら
する

母が
おやつをまく時
みんなが飛び跳ねていても
アミはその中で
おすわりしているが

保護者の私としては
なんとけなげな。
もらいはぐれる
なよと思う親心

ここぞという時は
頑張る
おっササミ
ジャーキーかっ
しゃきっ

おすわり
お手
伏せ
いろいろ教えたが
怖がりのアミにとって
後ろ足だけで座るのは
難易度が高かったようで
きゃっ
怖いです
ほら
「ちんちん」
やってごらん

3秒
キープから
慣らした
時間のかかった
技なので
初めはベッドに
寄りかからせて
手、放すよ
1、2、3、

本人なりに
C難度、とっておきの
技をくりだして
いるわけだ
やきいも!?
はいっ
こんなに
欲しいワタシ
ですっ

そして
おねだり技その③
欲しい人
手をあげて
の言葉で手をあげる
はいっ

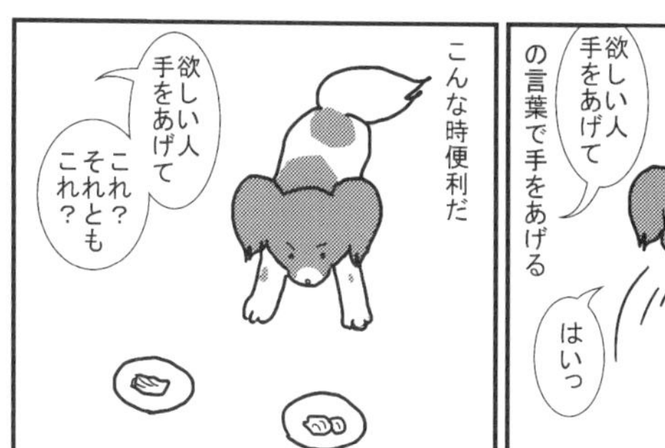
こんな時便利だ
欲しい人
手をあげて
これ？
それとも
これ？

はいっ
わかりました
こっちね

でもこれは
最近わからなく
なってきた
とりあえず
全部に
手をあげるからだ

この技は
段階的に
教えた
まずお手から
教え、

次に
ハイタッチ
に変える
ハイタッチ

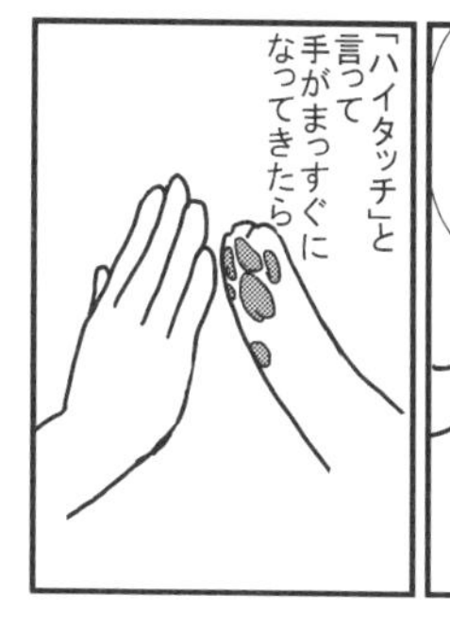
「ハイタッチ」と
言って
手がまっすぐに
なってきたら

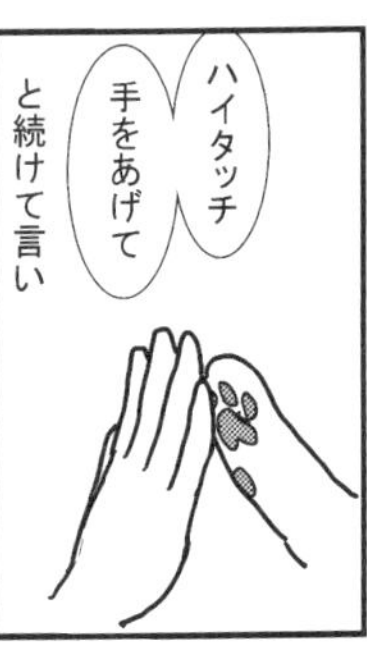
ハイタッチ
手をあげて
と続けて言い

欲しい人
手をあげて
に変えながら
徐々に
手が触れない
ようにして

離れて
できたら完成！
おーできた

芸は犬の頭の
良し悪しより
人間の根気の
問題ですね
ふー

キャベツ
欲しい人
手をあげて
一人で
まにうけて
手をあげる
わん
わん
わん

かわい〜
これは教えた
甲斐があった
なぁ
本当に意味を
理解してあげてるかは
ともかくとして

おつかい
一緒に行きたい人
手をあげて〜
はいっ
このしぐさが
みたいだけ
かわいいおねだりワザには
やっぱり癒される

おねだり　その2

今まで誰にも
言ったことのない
アミのおねだり技
その④
ひんしゅく買いそうだけど
結構気に入ってる

ひざに乗っていて
私が食べているものが
欲しいときやる技
ワタシ
にも

野生の犬族は
子犬の時
母犬の口元をなめて
吐き戻しを
うながして
エサをもらう

犬が飼い主の
口元をなめるのは
その名残
信頼、愛情、そして
食べ物が欲しいという
表現だ

左の鼻の穴だけを私の下唇にぴったりくっつけてふさぐのだ

そして大家族の中で必要にせまられて覚えた技その⑤
わん
わん
わん
わん
たくさんいるとアミ一人だけあげるわけにいかない
ちょっと待ってね
トン
トン
ぎょ
ぐいっ
股の間から強引割り込み技
ここならほかの子に見つからない
ないしょだよ
足を閉じてても割り込むのでたまに
顔が引っ張られてこんな顔になる

たまに
母にも思わずやって
当然母は
怒る
何よアミ子
失礼なっ
おかしい
なあ
アミがまだ
若かった頃
私が寝返りをうつと
カリ
カリ
ねえ
ねえってば
せなか
むけないで
こっち
むいて
はい
はい
これって
さぁ
ねえってば
よくある
若いカップルの
シーンそっくり
じゃない？
それが
愛なの・・・
むにゃ

旅のはじまり
その1

絆が深ければ深いほど
愛犬家にとって怖いのは
別れの時を迎えることだ
あまりにも怖いので
考えないようにしたり
まだまだ先だと
思ったりする

私がこの漫画を
描こうと思ったのも
アミを失う日が来るのが
恐ろしかったからだ

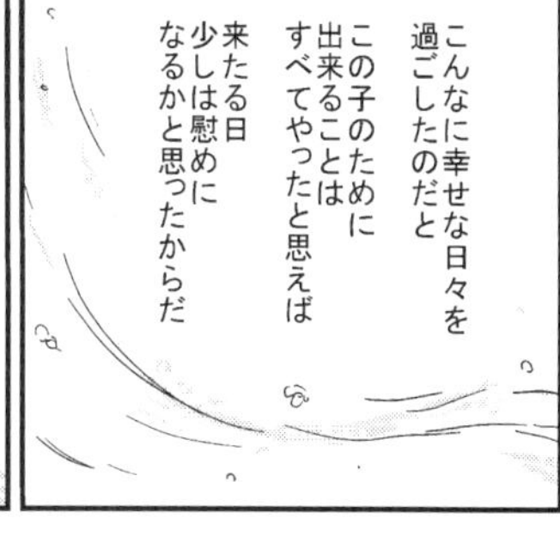
こんなに幸せな日々を
過ごしたのだと
この子のために
出来ることは
すべてやったと思えば
来たる日
少しは慰めに
なるかと思ったからだ

ただ、その日が来るのは
あと何年か先で
アミが年を取って
白髪交じりの
老犬に
なってから…
そう思っていた

それは
小さなはじまり
だった

10月1日
アミが
夕食のフードを
５～６粒残した

アミは今まで
フードを
残したことが
ない
ん？

それ
ちょうだい
う゛～

人のを
食べてる
おかしいな
…

10月2日
今度は10粒…
いよいよ怪しい

食欲が取り柄のアミが
もし食事を
残したら
さぞかし
ショックだろうと
以前から
思っていた
ドキ
ドキ

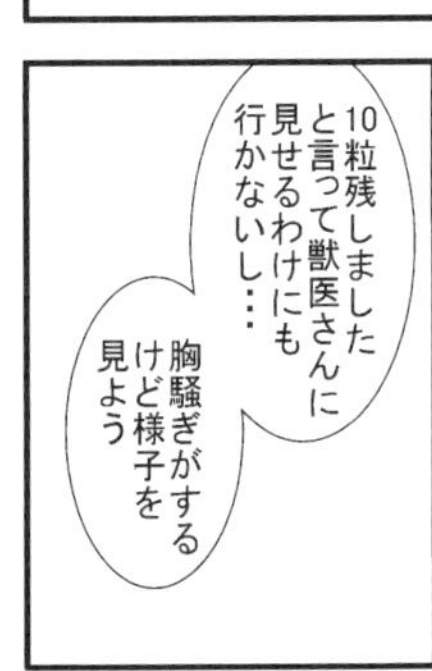
10粒残しました
と言って獣医さんに
見せるわけにも
行かないし…
胸騒ぎがする
けど様子を
見よう

そして次の日
食後
フードを
半分未消化で
吐いた
うっ

犬ガムが
引っかかっても
吐くし
10月4日
食事を2回に分け、
豆腐、ササミ、キャベツ、かぼちゃ
などを柔らかくゆでて
少量のフードと混ぜて
食べさせた
少し胃を
休ませよう

うまーっ
なにこれっ
アミは
目を三角
にして
おいしそうに
食べた

しかし…
翌朝、再び吐いた
吐いたらケロリ
なに？
中毒？
ヘルニア？
胃ガン？
犬は腰痛やヘルニアの
痛みでも吐くことがある
アミ子
ちっくん
行こう

診察終了時間近くに
駆け込んだ
熱はないので
食中毒では
ないでしょう
血液検査
してみましょう

いつも
混み合う待合室が
なぜかその日は
私たちだけで
静けさの中
結果を待った
し〜〜ん

肝臓がんの可能性は低いということだったので炎症なら治るのではと思っていたが

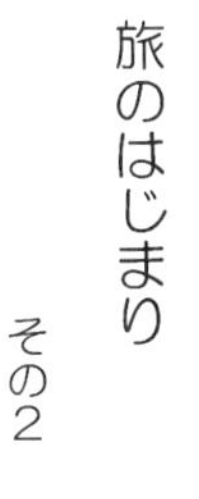
旅のはじまり
その2

10月6日早朝
吐いた物を見て頭の中がすうっと冷たくなった

食べたものが丸ごと出てる…まったく腸に届いてないんだ

アミ…

アミは吐いて楽になった顔をしていたが
ふう

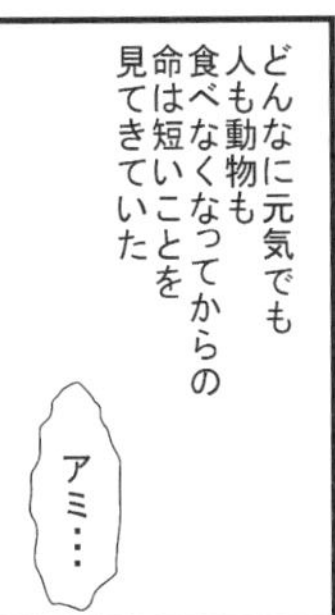
どんなに元気でも人も動物も食べなくなってからの命は短いことを見てきていた
アミ…

いやな予感がした

空が明けはじめる中私の足は小刻みに震えていた
チュン
チュン
チュン

おはよう…
どう？
アミの調子

ダメ
薬ごと吐いた

ご飯も消化
してないと
思う

今はまだ
病気とは思え
ないほど元気
だけど
食べなければ
早いよね
？

犬の肝臓病は
ストレスが
関係すること
あるみたい
こんなことなら
私の入院急がない
ほうが良かった
のかな…
なに言ってんの

あなたがくも膜下
出血で倒れていたら
アミはもっと
悲惨なことに
なってたのよ
とにかく
病院に電話
しなさい

うん…
そう、
私はわけの
わからないことを
言っている
あ、もしもし
H動物病院
ですか？
院長先生は

I先生は
分院に出かけていて、
指示を受けた獣医さんが
本院で待機してくれていた

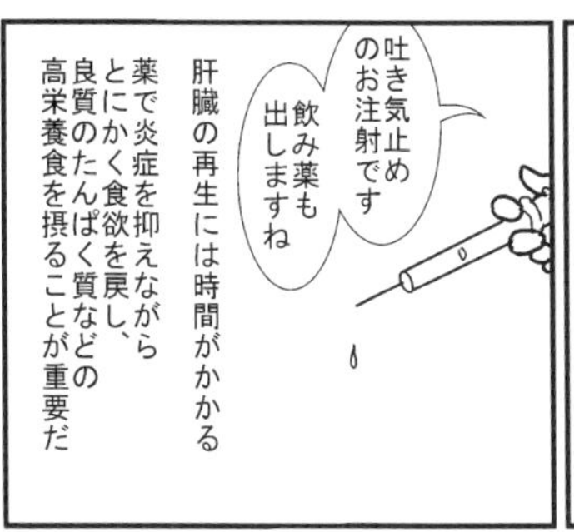
吐き気止め
のお注射です
飲み薬も
出しますね
肝臓の再生には時間がかかる
薬で炎症を抑えながら
とにかく食欲を戻し、
良質のたんぱく質などの
高栄養食を摂ることが重要だ

帰宅後、
注射が
効いたのか、
吐かずに
少し食べられた
ササミは
いやだけど
カボチャは
いただきます
しかし、
たんぱく質は
いやがる

今日から
すみれは私が
見るわ
やき
もき

助かる、
ごめん！
何がアミの
ストレスに
なっているか
わからないし、
私も
看護に
専念
したかった
？

これは？
薬のおかげで
吐かなくは
なったが
いりません
食は細く
いつもの3分の1位しか
食べてくれない

先生は入院点滴をすすめたが、神経質なアミの性格上入院のストレスが逆効果にならないか心配だった私はなんとか自宅治療にかけたかった

が、食欲は戻って来ず

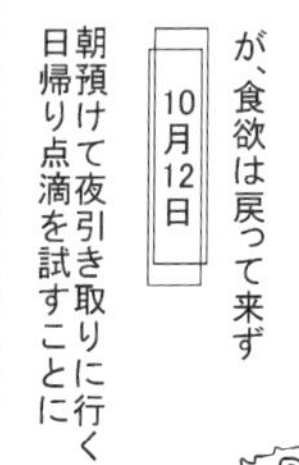

旅のはじまり

その3

体重は10日で0.5kg減っていた

口から食べさせるだけではもう限界だった

アミが入院で落ち込まないことを祈るばかりだ

入院が精神的に
マイナスに
働きませんように…
後ろ髪を
ひかれながら
帰宅したが

うっ
突然、実感した

うーっ
うっ
もしもあの子がいなくなったら
うっ

この静けさが待っているのだ
あるのは
あの子の残像
ばかり

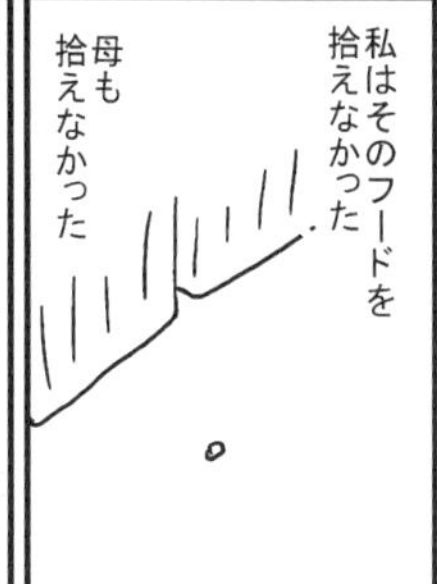

1泊の入院も
無事過ごせたという事で

10月15日

本格的に
1週間の入院が始まる

24時間の点滴を受け
体力を温存しながら
薬や食事など
いろいろなアプローチを
試みることになった

私はその間にネットでペット専門の漢方医を探し、漢方薬も併用することにした
数値はさほど悪くないですね治りますよ
血液検査
アミの体力があるうちに出来ることはなんでもやろうと思った
I先生も漢方医の先生も
希望を持てそうなことを言ってくださってるし
少し胃が痛くなくなった

10月17日
入院3日目、悩んだ末に面会に行く
里心ついて泣かれたらどうしよう
コン
コン
でも一度しっかり言って聞かせたほうが納得するかも
ママ…？

ママっ
帰ろう
ごめん、アミ子いい子にしてて
ねっ早く
来なきゃよかったと後悔した
1階の待合室に降りてからもアミの泣き叫ぶ声が聞こえていた
ママーっやだーっ
おいてかないでーっ
ごめん、ごめん
アミ子頑張ってお願い

色々薬をかえてやってみていますが

犬の肝臓病の場合、生検で命を縮めることもあり、手術がマイナスに働くことも多く、決断が難しい

病巣がはっきりして手術ができれば事は簡単なんです

もし開けて閉じるだけになれば体力を奪う結果に

ここが悩みどころだった

人間なら入院も手術も本人が納得して受けられるのだが、アミにとってはつらいだけで終わるかも

とにかく家で食べさせることとおしっこを沢山させるようにします

スキムミルクに大豆プロテイン、砂糖(低血糖予防)を混ぜ、注射器で飲ませる
犬用栄養剤も2時間おきに舐めさせる
それでも体重は少しずつ減って行った
わっまた薬の時間だ

少しずつ「ダメかも」が「治るかも」を上回って心に浮かぶようになり
突発的に涙の発作がおこる回数が増えた
うっ
ううーっ

アミの前では涙は見せられなかったが
アミ子だあいすき
食欲は戻らず
愛してる
アミ子いい子ね
可愛いね

歯を磨きながら顔を洗いながら
えっ
うっ
うっ
えっ
車を運転しながら私は泣き続けるようになった

少しでも食べてくれれば「治るかも」と
天にも昇る気持ちになり

食べないと胸がぎゅっと締められるように痛くなった
いらないの

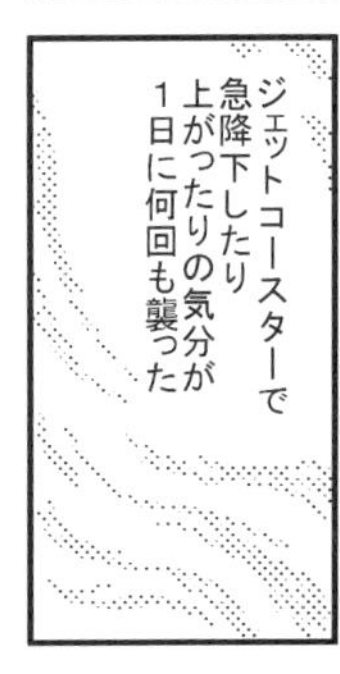
ジェットコースターで急降下したり上がったりの気分が1日に何回も襲った

10月21日
食欲が2日間なかったあと、3日目突然フードをたいらげる
ママっおいしいもっと！
ああっとうとう
治り始めたんだ！
よかった！神様！
ようやく効果が出てきた
感謝します
しかし次の日
10月22日
何にもいらない
たべたくないの
アミ…
また食べられないの
希望を持ったのもつかのま
こんなの残酷だ
うわあ〜っ
頑張っても頑張っても不吉な予感が通奏低音のように鳴り響いていた
私はアミの聞こえないところに行っては身をよじって泣いた
おねがい
アミ治って
逝ってしまわないで
泣いていないときはゾンビのようだった
…

ああ…薬の時間だ
…
…
何をあげるんだっけ？

一つ一つの動作がのろく思考が止まるようになっていった
食事がのどを通らなくなり、夜になると異常な眠気が襲うようになった
昼間のストレスが許容量を超えて、
体の防衛反応で強制的に寝かせようとしてるんだね、きっと
しかしアミが動くたび飛び起きるので睡眠不足は続いた

10月23日
スキムミルクなどすべての食べ物を拒否
それでも注射器で飲ませようとしたが、私の顔を見ると逃げだすようになる
そんなにいやなの
アミ、たんぱく質摂らないと治らないんだよ死んじゃうんだよ
わかってよ飲んでよ
やだ

旅のはじまり
その5
10月24日
減った1Kg
食べてくれない
このままじゃ
戻れなく
なっちゃう
なるべく家に
いさせようと
思ったが
すみません
日帰り点滴を
…

あのね、
いい？
先生も手を
尽くして
くださって
あなたも
やるだけの
ことをして
それで
だめなら
覚悟するのよ
それはその子の
寿命なのよ
治る子はここで
戻って来られる
んだからね

うん…
…うん
病院に向かう
車の中
アミ子は少し
だるそうだったが
静かに風に
吹かれながら
景色を見ていた

先生に、食べてくれないことを相談し
鼻からチューブを入れる方法もありますが
もう何でも
やってみます！
鼻から胃まで細いチューブを通して栄養を送るのだが
ムリ
神経質なアミに我慢できるはずがなく
ハークション!!
断念。
スポッ
また一つ生きる手段が失われた
あとは日帰りの点滴でつなぐしかなく、毎日の行き帰りひとりで運転しながら
うわーっわあーっ
景色がかすむほど号泣しつづけた
アミ〜っ
家に連れて帰ってからは
アミ子〜
笑顔で食べさせる努力をする
いい子ねーっ
出かける用事はすべてキャンセルした

10月26日
家に帰ってきた足がふらついている

ああ…弱っている
ドキ
決断しなければならなかった
見え始めているものを見ないふりをやめて
「受け入れる」決断だ

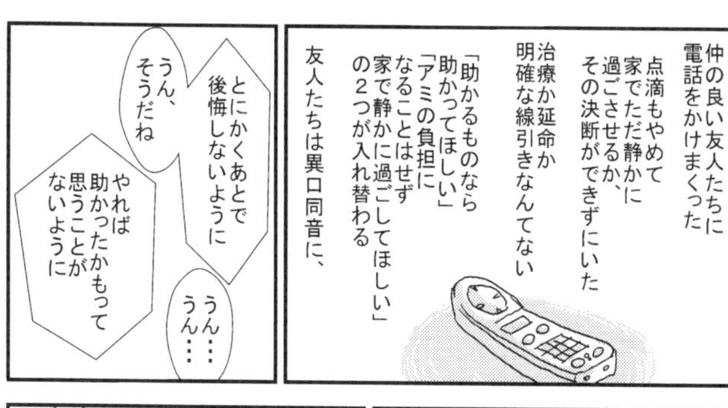
仲の良い友人たちに電話をかけまくった
点滴もやめて家でただ静かに過ごさせるか、その決断ができずにいた
治療か延命か明確な線引きなんてない
「助かるものなら助かってほしい」「アミの負担になることはせず家で静かに過ごしてほしい」の２つが入れ替わる
友人たちは異口同音に、
とにかくあとで後悔しないように
うん、そうだね
やれば助かったかもって思うことがないように
うん… うん…

10月27日
朝、病院に預ける前に朝日の中でアミの目を見て気づいた
!!
黄疸が激しい！
アミを預けた帰りの車で決断した
アミ子 ママわかったよ… 点滴しても悪くなるなら
もう頑張らなくていいから

自責や後悔がどっとおしよせた
いつからだったんだろう なぜなんだろう
うっ うっ
心臓病が発覚した2月には
心臓以外は数値はとてもいいですよ
健康そのもののデータだったが
その後 心臓の激しすぎる発作が数ヶ月続いたことで

少しずつ
肝臓に負担がかかって
行ったのかも
知れない
おくすり
すみれと
仲良くさせようと
おやつを多めに
あげたのも
よくなかった
のだろうか
私のせい？
私がいけなかった？
8月に入って
水を飲む量が
少し多いような
気がした
ん？
気のせい？
夏だから？
あの時
診てもらえば
よかったのかも
私の入院も控えてて
退院したあと
それでも水
飲むようなら
連れて行こう
って思って
しまったから
退院後は
水の量も普通になった
ように見えたが、
肝臓は沈黙の臓器
私の不在のストレスが
引き金となり、
進行は加速し、
劇症に近い急性肝炎へと
移行して行ったのかも
知れない
私は27日午後、
先生に電話を入れた
先生
ご相談が
私の
大切な大切なアミ！
もうひとときも
離れないで
最後の時を大事に過ごそう

旅立ちへ その1

10月27日
夜になって
アミを病院に
迎えに行く
アミ…

12年半の
沢山の思い出が
どっとよみがえった
ママっ
キャッチボール
しましょう

アミは
ソファの上から
あきることなく
私の手元に
ボールを投げて
よこした
えいっ
おっ
上手

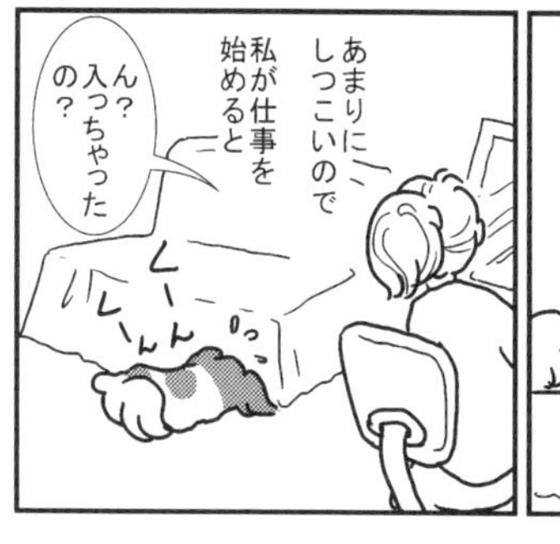
あまりに
しつこいので
私が仕事を
始めると
ん？
入っちゃった
の？
くーくーん
ワっ

しょうがないなぁ
ママっもっと右！
わかってるてば、邪魔！
ものさし
はい もう入れないでよ
さんきゅ〜、
しかし、あっという間に
く〜ん
おかしいこっそり見てよう
鼻で器用に押し込んで
よっ
ママっ取って！
きゅ〜ん
く〜ん
わざとじゃん！
仕事を中断してくれる確実な方法だもん！
「どっちの手に入ってるか」のゲームもよくやった
アミ石っころ見てて
どっちの手ーに
入ってる
かっ
こっち！

へっへ～
残念でした
くっそ～
ぱっ
ムカつく
こっちだ
手を交差した
だけでだまさ
れてんの
だめっ
もう1回
頭で考えて
当てようと
するから
間違えるん
だよね
どんなに
遅く帰宅した時も
アミと遊んだり
しゃべったりしていると
1日の疲れが
消えてなくなった
自信がつくことは
なんでも経験
させたかったし
自分で考えて
解決するまで
時間をかけて待った

電信柱と
リード
よく見て
ぐるっと
回るんだよ
おっ
やった!
アミ子
おりこう
時々
反対周りをして
動けなく
なったことも

その掛けた
時間分
幸せにして
もらったのは
私のほう
だったんだなぁ

犬と人間という
種族を超えて
ここまで
一心同体で
アミ子
だあいすき
ここまで
強い絆を
結ばせてもらった
アミ子
世界で一番
愛してるよ

夜8時
病院は夜間診療の
時間になっていた
パッ
今開けます
I先生は
この日当直だった

先生と
今後のことを
話し合った
ダメなときは
はっきり言う
先生が
「もうダメだ」
とは
おっしゃらない
先生も
アミが戻って来られる
ことを願って、
治療をして
下さっていると感じた

アミのもたれ方に
力がない
1日2段階ずつ
急激に悪くなって
いくようだ
さあ、アミ
帰ろうね

旅立ちへ　その2

先生

先生はいつ伺ってもいらっしゃいますけど
お休みは取ってるんですか

休み？
いや、取ってないですね

もう、ここに住んでるようなもんです

病院の勤務ボードには獣医師たちの札が出るが
月12日
休

I先生はめったに札見ないもんなぁ
患者にとっては力強いけど

先生もあなたもベストを尽くしてそれでもだめなら
寿命なのよ

皆がアミを助けようとしてて
それでも逝ってしまうなら天命なのだろうか

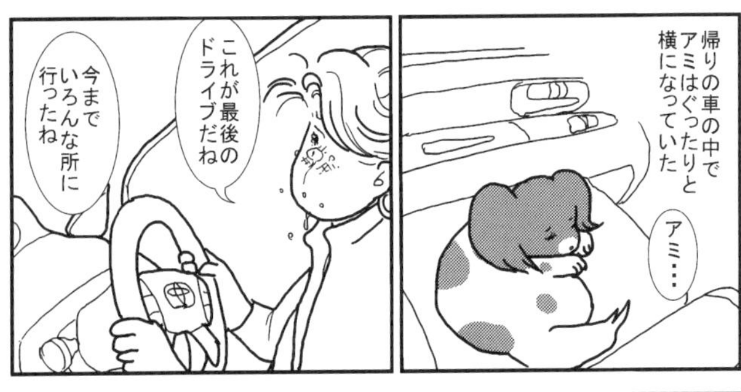
帰りの車の中で
アミはぐったりと
横になっていた
アミ・・・
これが最後の
ドライブだね
今まで
いろんな所に
行ったね

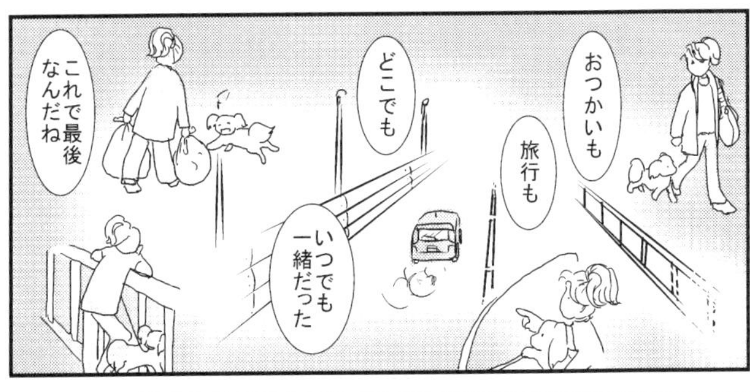
おつかいも
旅行も
どこでも
いつでも
一緒だった
これで最後
なんだね

信じられないよ
アミ子
・・・
ほんとうに
信じられないよ
沢山の人たちが
電話やメールを下さったり
お見舞いに来て
下さった
10月29日
タイニーのママも
アミちゃんの
ママ、差し入れ
食事とれて
ないんでしょ

タイニーが最後は
ガンが全身に転移し
苦しみ続け
安楽死を
選択するしかなかった
話をしてくれた

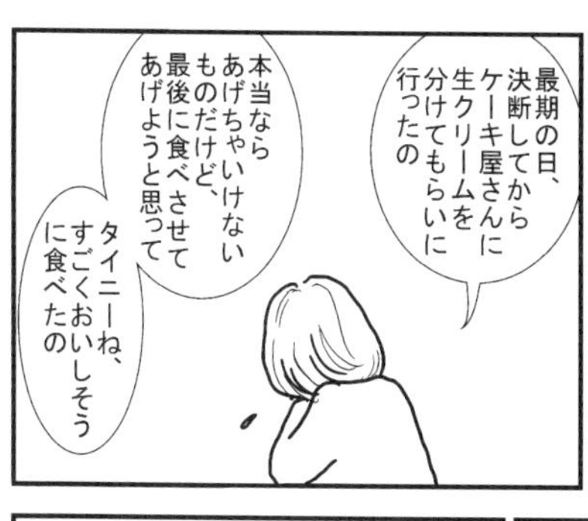
最期の日、
決断してから
ケーキ屋さんに
生クリームを
分けてもらいに
行ったの
本当なら
あげちゃいけない
ものだけど、
最後に食べさせて
あげようと思って
タイニーね、
すごくおいしそう
に食べたの

それから・・・
病院に連れて
行ったの
・・・そう
だったの

アミの話、
タイニーの話は
尽きることなく
二人で泣いた
かけがえのない
命を失うとき
看取る家族
それぞれに
ドラマがあった

その日午後
I先生から電話
自宅で点滴
やってみますか
やり方教えます
はいっ、今から
行きます！
最後の手段

点滴を一時
中止するとき
使います
はいっ
これはヘパリン
血液を固めない
ための薬です
500ml

もし空気が入ったらここで抜きます
はいっ
こうやってこうする
大事なのは落ちる速度です体重から計算して、1分間に2.5滴落とす
速度が速いと肺水腫を起こすので気を付けて
はいっ
…
大丈夫ですか
…はい
看護師でも点滴がうまく出来るようになるのに半年かかります
とにかくわからない時はすぐ電話下さい
はいっ
しかし帰ってくるなりアミが吐き、
中断しようとしたら空気入った
管折っとかなかった
ヘパリンどこから入れるんだっけ
きゃー
すいません焦ったらあっという間に失敗しましたぁ
やり直しましょう明日来て下さい

旅立ちへ

その3

私は毎日
お風呂に入りながら
くもりガラスに
うつるアミを
見てきた

私にキスしに来たのだ
ペロ
アミ、ありがとママもよ
チュ
ママもだあいすき
次の日もアミは舐めにやってきた
めったに舐める子ではないのに
アミ子
ママもよ愛してる
するともう一度答えるように
ペロ
何と言ったのだろうか
「ママ、大好きよ」
「ママ看病してくれてありがとう」
「ママ、元気出して」
それとも・・・
「ママ、わたし行くね」
だったのか
ずっとずっと
愛し続けるから
アミ子
私の最愛の娘・・・
11月1日
夕方点滴が漏れ始める
すぐ病院へ電話
もういいのね？覚悟は出来たの
覚悟は出来てないけど
うん・・・
この半月アミの細い血管はすべて使い果たしていた
あとは後ろ足から入れる以外ないという

覚悟なんて絶対出来ないけど
もうかわいそうだもん
針は入れない

診察台の上でアミは起き上がる力もなかった
本当にいいんですか
はい…

先生、こうなった原因ですけど私の入院以外に

おやつをあげすぎたなんてことは
それは絶対ありません!

きっかけが何でもその程度の肝炎なら
点滴と薬で治るものです

即座に否定してくれた先生に思いやりを感じた
そうですか…

何をしても炎症が劇的に進み続けてしまった今回のような例は珍しいとのこと
アミはやっぱり逝こうとしているのだろうか

これが寿命ということなんだろうか

12歳半は短いなんて言っちゃいけないね
命の長さは別の誰かと比べるものじゃないもんね

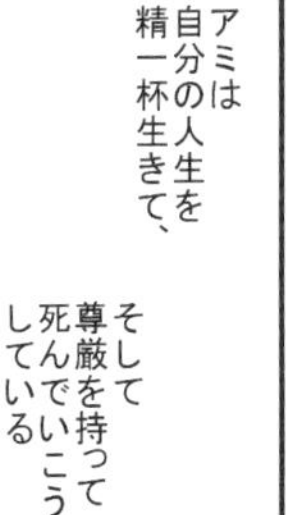
アミは自分の人生を精一杯生きて、
そして尊厳を持って死んでいこうとしている

もう点滴もない静かな夜
一緒にいられる時間が砂時計のように落ちるおとが聞こえる

泣いてちゃいけないと思う
アミが生きている幸せな時間は残り少ないのだ

11月2日
うまく立てなくなる目も焦点が合わない時がでてきた

アミお風呂入ってくる待ってて
寒いし体力消耗するから

何言ってるのもちろんお風呂には連れて行きなさい

この子の願いはあなたと片時もはなれないことなのよ
ずっとこの子はそうやってあなたと一心同体で生きてきたのよ
寒くても疲れてもいいの一緒にいたいのよ

わかったそう、そうだよね
それが望みなんだね

旅立ちへ

その4

11月2日

なにも食べなくなって
4日目
おしっこが出にくくなる
少しずつ
腹水が溜まりはじめたようだ

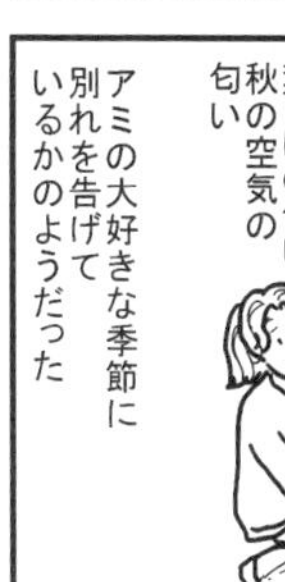

11月3日
歩けないはずの
アミが
みんなと一緒に
庭に出てきた
よろけながら
ウンチとおしっこ

意識ももうろうと
しているのに
アミ
すごいね
動物は最後まで
なんとけなげで立派
なんだろう

そのウンチは
小さくて
真っ黒で
すごいにおいだった

これはきっと
アミ子の最後の
ウンチだね
腸壁や血液が便に
なっていると直感した
多臓器不全を
起こし始めているのだ
取って
おきたい
くらいだよ

アミ子
えらいねぇ
もういいんだよ
がんばらなくて
つらかったら
毛皮を脱いで楽になって
…と心の中で声をかけた

11月4日
目の焦点が定まらない
時間が増える
毒素が脳にまわり始める
肝性脳症だ
アミ子
いいこね
かわいいね
呼びかけると
うっすらと目を開けて
まばたきをする
だあい
すきよ

首を支えていないと
くたくたの
人形のように
崩れる
確実に
その時は
せまっていた

アミ、ママは覚悟するよ
「受容」という心境
もうしょうがないのだ
泣いてもわめいても
アミは行ってしまう
祖母が亡くなるときの
「いい塩梅です」の言葉と同じように
アミはもう
安らかで美しい世界に
一歩足を踏み入れている
そう信じよう
11月5日
朝になったが
アミは持ちこたえていた
う〜っ
うう〜っ
アミを抱いたまま
私はおろおろとするばかりだった
うう〜っ
アミ〜〜っ
おなかはパンパン
おしっこも出ない
うっうっ
それなのに
生きていて
私に何も
できることはない
私はパニックを
起こしていた
どうしよう
見てられない
どうしたら
いいの
何やってるの
しっかりしなさい!!
点滴注射
打ってもらって
らっしゃい!
で、でも
おなか
パンパン
だし
動かしたら
苦しいかも
知れないし
うっ
うっ
えっ
えっ
見殺しに
するより
いいでしょ
何でも
いいから
やるのよ

そ、そうだよね
はっ
わかった

皮下の点滴注射をしてもらい
帰宅後まもなくアミは昏睡状態になった
アミ子
もう呼びかけには反応しなくなった
アミ・・・

水分を含ませなくていいかな
気管に入ったら困るよね

注射してもらったからいいのよ

ただ見守るしかない
してあげられることが何もないよ
注射したから大丈夫よ

そうか、注射はアミのためというより
何もしてあげられない私のためのおまじないなんだね

静かな寝息ねこの子にはもうお花畑が見えているわよ
アミ子にもあなたにとっても幸せな終わり方よ

こんなに最後まで安らかなんて
私が看取った中でも初めてよ
と母は言った

旅立ちへ
その5
11月6日
日付が
変わる頃、
私はベッドの支度を
整えた
ビニールの上に
ゼリーシーツ
バスタオルを
敷いた
死んだとき
体中の筋肉がゆるんで
大小すべて
漏れてしまうからだ
アミ子
一緒にねんね
しようね
そっと
その上に
寝かせた
アミ子・・・
アミ
・・・
長い時間
私はアミに話し続けた

一緒に行ったところや
思い出をひとつひとつ
遊んだこと
ボール遊び
石っころを
沢山集めたこと
ママは
アミと出会えて
本当に幸せ
だから
アミ子
世界で一番
大事だから
一生愛し
続けるからね
アミ子ずっと
一緒にいようね
そして何十回も
愛してると言った

アミ子、ママには
アミ子が見えなく
なっちゃうけど
頑張って
姿を見せに
来てね
夢にもたくさん
出てきてね
ママが
行く日まで
ずーっと
一緒だよ
それまで
昏睡状態だった
アミが
私が
話しかけて
いる間
うっすらと
目を開けて
まばたきを繰り返した
聞こえてる
のね、アミ子

私は急いで
聴診器をあてた
音が
しない!
!!
止まっていた
シャー
と、次の瞬間
手足が伸び切り
そして
静かに
なった
クーッ
アミ子っっ

11月6日午前2時前
発病から1ヶ月で
アミは地上を
離れた
アミは
ママっ
アミ~っ
石っころね
わたし
取ってくる
と
駆け出して
行ったのかも
しれない

きっと
そこには
1ヶ月前に
逝ったドルチェや
もしかしたら
タイニーや
母親の
ファニーが
迎えに来てた
かもしれない
アミ！
来たね
こっち
こっち！
骨を拾うとき
葬祭場の人に聞かれた
このワンちゃんは
何歳だったんですか
12歳半です
そうですか、
やはり年齢
ではないん
ですよね
見て下さい
頭蓋骨は
生まれたときは
4つに分かれて
いて、
年と共に
ふさがって
行くので、
頭を見ると
大体の年齢がわかります

ほら、この子は継ぎ目が全く見えないでしょ
これは天寿をまっとうした子の頭で、
私もこんなにきれいなのはめったにお目にかかりません
はっ
そうですか
天寿…
あ、ありがとうございます…
I先生といい葬祭場の人といい、
人の言葉はなんと優しいんだろう
そして
悲しさや苦しさに代わって
アミ位
時間も空間もすべてがさびしさだけになって私は窒息しそうになった
アミの石っころ
アミ…
どこにいるの
会いたいよ…
アミ子…

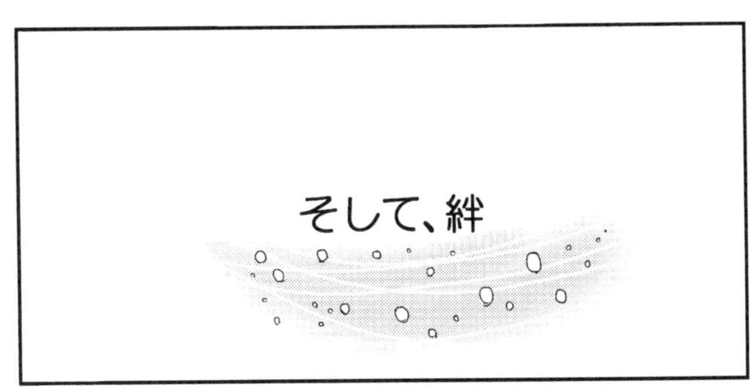
そして、絆

アミが
旅立ってまもなく
お悔やみの
メールや電話
お花が
届き始めた
夜中にも
眠れそう?
ありがと
大丈夫

アミに対する
溺愛ぶりを
知っていた人たちは
皆、私を心配して下さった
その一言一言が
ありがたかった
みんな優しい
なぁ…
しかし
さみしさは
絶え間なく
襲ってきた

ゴミ出し
ママっ
私もいくっ
うっ吐きそうだ
くそーっくそーっ
考えちゃダメっ
母を駅まで迎えに行く時も
ママっおむかえでしょっ
うーっアミ子ーっ
涙って
…涸れないんだなぁ
寝る前に願い事
夢の中で会えますように
悲しみが強いうちは願いは叶わない
出て来なかった

心霊学の本
霊を見るには瞑想が効果的か

無心になって息を吸って吐く
アミ子出ておいで

なんも見えない
ていうか無心になれないぞ
ふー

アミが逝ってちょうど1週間目

私は夢の中でうちの誰かを連れて散歩していた
ん？

歩いていた！
横にまだ幼いアミが！

アミ!!

アミ！アミ！
夢でも会いたかった
会いたかった
会いたかったよーっ

はっ
やった！
会えた！
その２日後も、
夢の中で
丘陵地の森林を
何時間もアミと
歩いていた
自分で
越えられない
時は
私に
せがみ
枯れ木を
飛び越えたり
落ち葉を
蹴散らしながら
楽しそうに
ついてくるアミは
５歳位に
見えた
何時間走っても
息が切れないね
心臓も、腰痛も
肝臓も、どこも悪くない
若いころの
アミだ
アミ子
若くなって
元気になった
んだね
涙の発作は少しずつ
減って来たが
それでも１日数回
襲ってきた
トイレに
ついてこない

1ヶ月
経ったころ
ママ

見えたわけではない
私の想像の産物だ
私のイマジネーションの
アミがトイレの前で
しゃべっていた

ママ、
ママが私の
名前を
呼ぶから
私嬉しくて
飛んできたのに
なんで悲しい
色するの？

アミ子
だあいすき
ママはいつも
歌うように話しかけてくれて

そのときのママは
優しい声で
おひさま
みたいな色で
わたし
大好きだったのに

今のママは
寒くてさみしい
色だよ
せっかく来たのに
…
つまんないよ

ママっ
私たちの12年を
悲しい思い出に
しないでよっ!!

はっ
……

わかった
決断するよ
アミ
頑張ってみる
辛くなったら
楽しかったこと
を思い出す
ようにする
毎回は
出来ないかも
知れないけど

アミと過ごした12年は
幸福の12年
愛し合って
信頼を作りあげた12年
絆を織り上げた12年
出会わせてもらった
感謝の12年
それは
奇跡の12年
だったんだよね

ただい…

うっ

いやっ
泣かない

アミ子っ
ただいまっ

アミ子
いい子に
してた？

アミ、
お風呂入って
来るからね

当分私は
アミの名前を
呼び続けると思う

相変わらず
アミの姿は見えないが
アミ子
ゴミ出し
行くよ！
私とアミの絆は
ずっと続くんだと思う

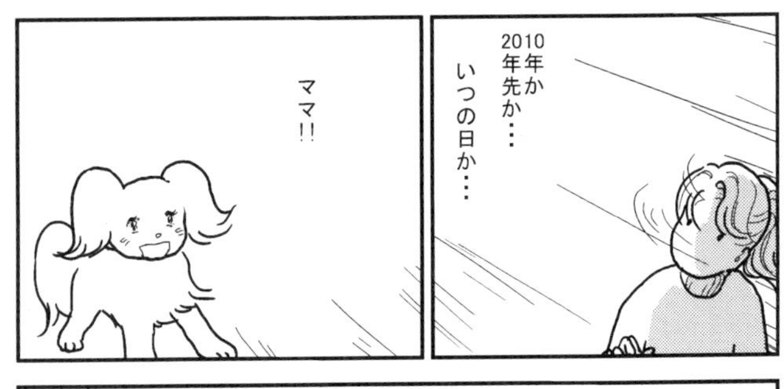
2010年か
年先か…
いつの日か…
ママ!!

THE END

アミからのたより
再生のレクイエム

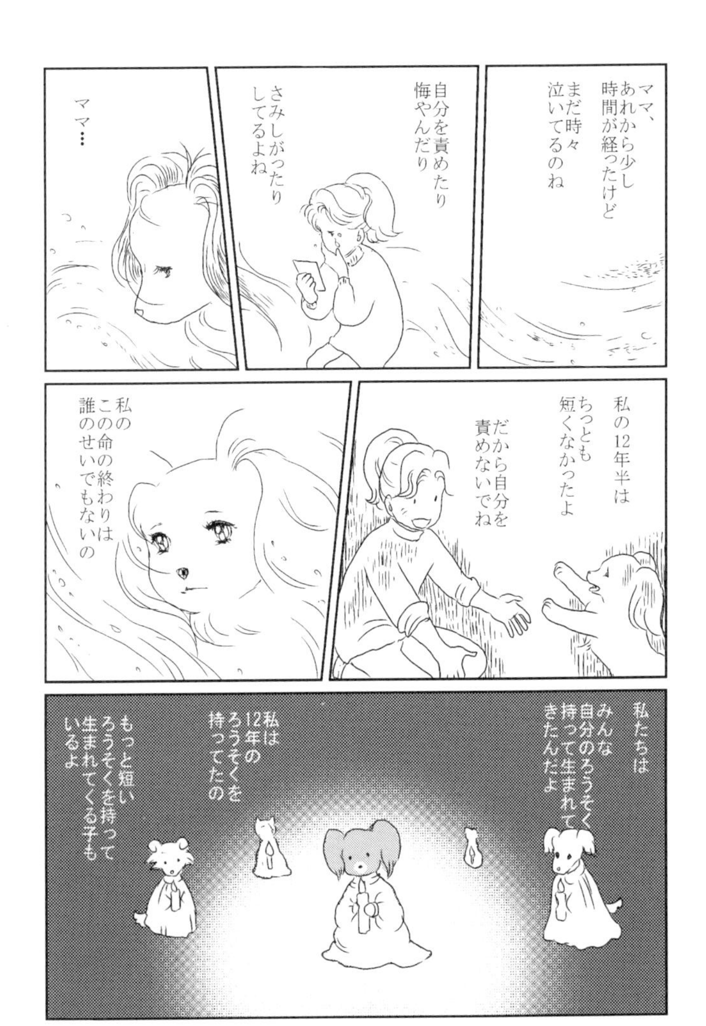
ママ、
時間が経ったけど
あれから少し
まだ時々
泣いてるのね
自分を責めたり
悔やんだり
さみしがったり
してるよね
ママ…
私の12年半は
ちっとも
短くなかったよ
だから自分を
責めないでね
私の
この命の終わりは
誰のせいでもないの
私たちは
みんな
自分のろうそく
持って生まれて
きたんだよ
私は
12年の
ろうそくを
持ってたの
もっと短い
ろうそくを持って
生まれてくる子も
いるよ

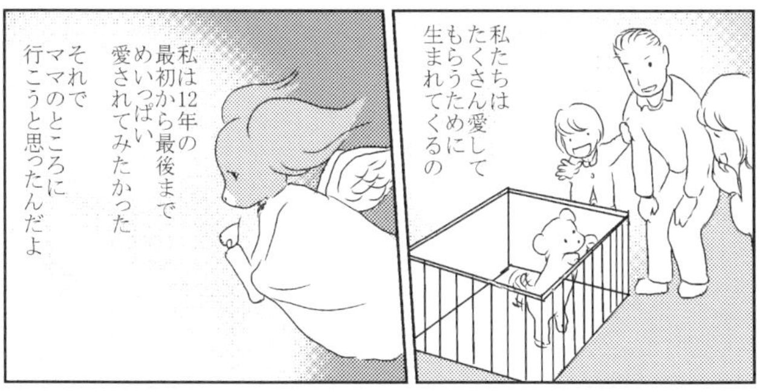
私たちは
たくさん愛して
もらうために
生まれてくるの
私は12年の
最初から最後まで
めいっぱい
愛されてみたかった
それで
ママのところに
行こうと思ったんだよ

ママは
犬の子育ては新米で
私に
ミルクを
無理やり
飲ませたよね
私はここで
死んで
なるものかと
必死に飲んだよ
せっかく
ママと
出会えたんだもの
ママは
「この子はおなかを
痛めて産んだ子なの」
って
言ってたでしょ
私も
ほんとうのママだと
思っていたよ
だって
「何よりも大事な
アミ子」
って
いっつも
言ってたもの
ママ、
私は本当に幸せだったよ
ママは心から
愛情をそそいで
くれたよね
私が遊んでいて
振り返ると
ママと必ず
目があった
お散歩していて
見上げると
ママはいつも
私を見ていた

おやつを食べていて ふと見ると ママは にこにこして 私をみつめていた
だから 何をしていても ついママを 見るのが くせになったの
どんな時も ママが 見てくれてると 思うから 自信を持って いろんな 事が出来る ようになったよ
ママは 苦手なものは 克服できる ように 工夫して くれた
海や山や 川や町、 行ける所は どこでも 連れて行って くれた
毎日が 幸せな色で 全部 つながって いたよ

私が
何か欲しいときは
わかってくれたし
具合が悪い時も
すぐ気づいて
看病してくれた
いろんな遊びを
一緒に考えて
たくさん
遊んでくれた

どんなに
忙しくても
疲れていても
一日一回は
私のことだけ考えて
遊んでくれるって
約束して
毎日必ず
そうしてくれたよね

「アミ、
おはよう」
「アミ子、
ただいま」
そして
「アミ、愛してる」
「だあいすき」って

抱きしめながら
12年間毎日
言い続けて
くれたよね
そのたびに
嬉しい特別な
気持ちになったよ

生まれて
目があいた時から
最期の瞬間まで
受け止めきれない
ほどの愛情を
注いでくれて
あったかい気持ちで
安心していられた

最期は苦しく
なかったし
今は
とっても
楽なんだよ
元気だし
どこも痛くないの
ただ
きゅうくつに
なった毛皮を
脱ぎ捨てた
だけなの
ママ、
天国は遠いところだと
思ってるでしょ
そんなことないの
すごく近くに
お花畑があるんだよ
だからママが呼んだら
全部聞こえてるよ
ママが会いたくなったら
私の名前を呼んでね
私飛んでいくから
そして
私がいると思ってなでてね
そしたら
私はそこにいるから
ほんとだよ
私たちは
心がきれいだから
どこも天国で
好きなところに
いていいんだって
だから
ママのところに
たくさん来て
そばで
見守っているから

それからね
次の犬を飼ってね
私がこんなに
幸せだったんだもの

幸せになりたくて
この世に
生まれてくる
子のために
ママ
また犬を飼って
愛してあげてね

ママが
新しい子に
話しかけるときは
私も
嬉しくなって
聞いているよ

なでて
欲しくなったら
その子の体に
寄り添って
一緒になでてもらうよ

地上でむすんだ絆は
向こうで永遠の
家族になるの
いつかママが
来るときは
みんなで
にぎやかに
暮らそうね
ずーっと
たのしく
暮らそうね

出会えてよかった
ママでほんとうによかった
「世界でいちばん幸せな犬にするから」ってママが約束した通りだよ
ママがそんなに悲しむのは
それだけ私を全身全霊で愛してくれたから
そのぶん私が幸せだったってことだよ
「アミと出会えて幸せにしてあげられてなんてすばらしい12年半だったんだろう」
って誇りに思ってね
悲しいことも裏切られることもなく
私のろうそくのすべての時間を愛情で満たしてくれてほんとうにありがとう

ジュッ

ママ…

私もこころから
ママを愛してる
いつか必ず
一緒にくらせる
それまで
またね！

あとがき

アミの闘病中は、私も一緒に病んでしまうと思うくらい辛い一ヶ月でした。
子供のように泣いてわめいて地団太踏んで、時間を止めたいと思いました。
アミが旅立ってからは、まさに魂の抜け殻のようで、ふわふわとして生きている実感がない日々。
悲しさや寂しさもありましたが、こんなに愛していて、なぜこんなに早く死なせてしまったのかという自責にも苦しみました。
「12歳は若かったですねぇ」と言われると、アミが不幸だったと責められているようないたたまれない気持ちになりました。
私は現実逃避のように、毎日ネットで犬のサイトをうろうろしました。
真っ黒な顔の子に会いたくて会いたくて……。
真っ黒い顔のシェパード、真っ黒いシェルティーと、そして怖いもの見たさのように最後にパピヨンを検索。
そして、静岡のブリーダーさんのところで生まれたばかりの黒い顔の女の子に出会いました。

小さいころのアミにそっくりで思わず「あ〜〜っ」と叫びました。
それでも、新しい子を迎えるには葛藤がありました。
なぜすみれだけではいけないのか？
顔が黒ければいいのか？
成長してアミと全く違う性格になっても、その子の個性として愛せるのか？
もう少し気持ちが落ち着くまで待つべきではないのか？
ぐずぐずと悩みながら、結局連れ帰って来てしまいました。「あやめ」と名付けてうちに迎えましたが、どんどんアミとは顔が違ってくるし、性格も明るく活発で、アミとは違うんだと実感。
でも私の心配は杞憂に終わったようで、新しい子供たちをアミと比べることはありませんでした。
アミの代わりではなく、あやめそのものを愛しいと感じるようになりました。
すみれもあやめをとてもかわいがって、私に協力しようとしてくれていじらしい限りです。
アミは相変わらず私の心にしっかりと場所を占めていて、いま、私は3頭と暮らしているようです。
たまに夢に出てきてくれて、次の日一日私を幸せな気持ちにしてくれます。

夜寝る時も、不思議といつもアミが寝ていた所が空いてます。
アミには本当に感謝しています。アミと出会わなければ、犬のいる人生がこんなに豊かなものだとは気がつかなかったでしょう。
読んでくださった皆様が、私にとってのアミのような愛しい相棒と出会えること、そして幸運にもすでに出会えている方は、幸せな思い出をたくさんつむいで行かれることをお祈りしています。
ご愛読ありがとうございました。

文庫化にあたって

私の幼少時、母は家でピアノ教師をしていました。
レッスン中、母の傍らでおとなしくしているためのものなら何でも与えられました。それは主に本や画材でしたが、ただし塗り絵だけは買ってくれませんでした。
「他人の描いた線を塗るのでは才能が育たない、自分で描きなさい」というのが母の持論でした。
本を読み、絵を描き、耳は音楽を聴くという環境の中、漫画家になる夢が膨らんでいきました。進路は音楽に進みましたが、音大在学中も出版社に漫画を投稿し続けていました。
しかしいつも評価はいまひとつ。ストーリーが平凡、内容に魅力が感じられない等々、毎回厳しいコメントが返ってきました。
漫画家を諦めた私は音楽の道に戻り、たくさんの時が経ち、二〇〇〇年四月、アミに出会ったのです。
アミは私の生活も考え方も一変させてくれました。種を越えて、ここまで絆と愛を感じることができるなんて。
「こんなに愛するアミのことなら描けるかも。もう一度夢を目指してみようか」
ウェブで毎週一話ずつの連載を始めて一年半、アミの病で話は急展開を始めました。
私は消えゆく命のともしびに泣きながら誓いました。
「あなたが教えてくれたことを絶対無駄にしない。あなたが生きた証を絶対形にするから！」
出版社を探す中、文芸社さんが出版を申し出てくださり、闘病の様子をウェブで見守ってくださり、怒涛のサポートを受け、アミの死後九カ月で、ウェブの連載が単行本『愛犬アミ、世界で一番愛した君へ』となったのです。
自分の作品が単行本になる、ましてやそれが文庫本になるなんて、私には夢のまた夢でした。三十年以上昔の夢が実現するなんて、人生は案外素敵なもんだなぁと思います。
文庫化にあたって、単行本の時には入れられなかった四つの話を復活できました。ようやくコンプリートした感があり、文芸社の方々には感謝し切れません。

そして最後に、私をこうなるべく育ててくれた母と、夢の扉を開いてくれたアミに感謝します。

ほんとうにありがとう！

本書は、二〇一三年十月、弊社より刊行された単行本を
加筆・修正し、文庫化したものです。

文芸社文庫

愛犬アミ、世界で一番愛した君へ

二〇二〇年二月十五日　初版第一刷発行

著　者　村上アキ子
発行者　瓜谷綱延
発行所　株式会社　文芸社
〒一六〇-〇〇二二
東京都新宿区新宿一-一〇-一
電話　〇三-五三六九-三〇六〇（代表）
〇三-五三六九-二二九九（販売）

印刷所　図書印刷株式会社
装幀者　三村淳

ISBN978-4-286-21296-8